大国工匠

才忠喜　张东亮 ◎ 著

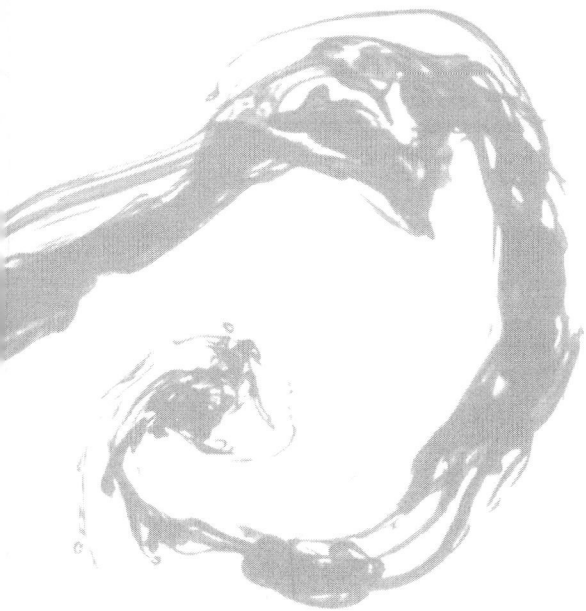

DAGUO GONGJIANG

大力弘扬劳模精神、劳动精神、工匠精神
培养更多高技能人才和大国工匠

中国农业出版社
北　京

前言

　　历史车轮滚滚向前，时代潮流浩浩荡荡。中国已经进入发展的新时代，前景十分光明，挑战也十分严峻。一个时代有一个时代的责任担当，一个时代有一个时代的精神气质。无论是解决好人民日益增长的美好生活需要和不平衡不充分的发展之间的矛盾，还是实现中华民族伟大复兴的奋斗目标，都离不开全体劳动者的辛勤劳动、诚实劳动和创造性劳动。大国工匠作为广大劳动者的优秀代表，具有引领创新发展、推动科技进步的作用。党的十九大报告提出，建设知识型、技能型、创新型劳动者大军，弘扬劳模精神和工匠精神，营造劳动光荣的社会风尚和精益求精的敬业风气。可见，以大国工匠引领和支撑经济社会又好又快地发展，是推进高质量发展的"先手棋"。

　　岁月铭刻奋斗的艰辛，时代印证铿锵的脚步。要打造大国工匠并非易事，不仅需要政府的呼吁与重视，更需要新时代每一位劳动者干一行、爱一行、钻一行、精一行的躬身践行。要成就大国工匠，必须有工匠成长的文化土壤，树立"工匠文化"。因为文化是一个国家、一个民族的灵魂，文化自信是一个国家、一个民族发展中更基本、更深沉、更持久的力量，也是一个民族永续发展的不竭动力，是全体人民团结进步的重要精神支撑。工匠文化是成就大国工匠的关键，工匠文化是人类社会最为重要的手作知识系统，工匠文化由工匠创物、工匠手作、工匠制度、工匠精神等要素构成。其中，工匠精神是工匠的一种价值文化，是工匠文化的核心，所以，培育大国工匠必须把厚植工匠精神放在首位。

　　伟大的事业呼唤伟大的精神，伟大的梦想需要伟大的精神作支撑。工匠精神是民族文化传统与国家文化的重要组成部分，是中国历史文脉的基因，是中华文明的底色。工匠精神是一种职业精神，它是职业道德、职业能力、职业品质、职业价值的体现，是从业者的一种职业价值取向和行为表现，是人在劳动过程中的态度和行为表现，其基本内涵包括敬业、精益、

大
国
工
匠

专注、创新等方面的内容，是对劳动的认知、实践态度和价值追求。本书从培育大国工匠的现实意义入手，探讨了工匠精神的时代内涵，剖析了践行工匠精神的现实困境，重点阐述了大国工匠的培育路径。一是从职前的职业观着手，植入工匠精神的"基因"，准确把握从业者职前的职业价值观，抓住三个着力点：劳动教育、职业核心素养和职业核心能力、敬业精神，充分发挥职业教育职能，构建和谐校园文化氛围，转变家庭教育理念，营造良好的社会环境，借鉴其他学科经验，提高工匠精神培育效率；二是借鉴发达国家"工匠文化"培育经验；三是发挥大国工匠的榜样示范引领作用。其目的不是使每个人都成为工匠，而是倡导人人都要尊重劳动者、热爱劳动、弘扬劳动精神，人人都应成为工匠精神的践行者。

本书是在黑龙江省哲学社会科学研究规划一般项目"高校学生工匠精神培育研究"（16KSB01）成果基础上形成的，感谢任然、王海燕、左雨薇和杨海达等的前期工作，也感谢项目组成员的辛勤付出。此书在出版过程中，得到了牡丹江师范学院优势特色学科项目"牡丹江师范学院－01－地方语言文学"（DF－2017－10233）、牡丹江师范学院学位与研究生教育教学改革研究项目"新时代背景下地方高校导师队伍建设有效途径探索与实践"（攻关项目MSY－YJG－2018GG001）和黑龙江省大学生创新创业项目"北方药食两用资源袋泡茶研究开发"（CY2018016）的资助，在此一并感谢。

本书的第一章至第三章（约12万字）由才忠喜撰写，其余部分（约13万字）由张东亮撰写，在撰写过程中借鉴和引用了许多专家和学者的论点，在此表示深深谢意。由于作者水平有限，不当之处敬请批评指正。

才忠喜　张东亮

2020 年 12 月

目 录

1

第一章
大国工匠与工匠精神

第一节　新时代呼唤大国工匠

2015年"五一"期间，中央电视台播出了纪录片《大国工匠》，引发了强烈的社会反响。2016年3月，李克强总理在全国"两会"《政府工作报告》中首次提到"工匠精神"，强调企业要培育精益求精的工匠精神，增品种、提品质、创品牌；2017年10月，党的十九大报告更是明确提出，要建设知识型、技能型、创新型劳动者大军，弘扬劳模精神和工匠精神，营造劳动光荣的社会风尚和精益求精的敬业风气。2018年3月，李克强总理在《政府工作报告》中再次强调，加快制造强国建设，强化产品质量监管，全面开展质量提升行动，推进与国际先进水平对标达标，弘扬工匠精神，来一场中国制造的品质革命。2018年9月10日，在北京召开的全国教育大会上，习近平总书记强调，要在学生中弘扬劳动精神，教育引导学生崇尚劳动、尊重劳动，懂得劳动最光荣、劳动最崇高、劳动最伟大、劳动最美丽的道理，长大后能够辛勤劳动、诚实劳动、创造性劳动。2019年9月，习近平总书记对我国选手在世界技能大赛取得佳绩作出重要指示强调，劳动者素质对一个国家、一个民族发展至关重要。技术工人队伍是支撑中国制造、中国创造的重要基础，对推动经济高质量发展具有重要作用。2020年，教育部印发的《大中小学劳动教育指导纲要（试行）》指出，依托实习实训，参与真实的生产劳动和服务性劳动，增强职业认同感和劳动自豪感，提升创意物化能力，培育不断探索、精益求精、追求卓越的工匠精神和爱岗敬业的劳动态度。这都充分体现了党和国家对工匠精神的重视与倡导。当前我国正处于从"中国制造"迈向"中国智造"乃至"中国质造"和"中国创造"的关键时期，为了适应发展的需要和新科技革命的兴起，培养一支具备高度工匠精神的大国工匠队伍已经成为一个迫切的现实需求。

一个时代有一个时代的匠人，每个匠人有每个匠人的责任和担当。任何一个时代独具匠心的作品，都是那个时代社会生活和精神的写照，都具有那个时代的烙印和特征。经过长期努力，中国特色社会主义进入新时代，这是我国发展新的历史阶段，中华民族迎来了从站起来、富起来到强起来的伟大飞跃。我们比历史上任何时期都更接近中华民族伟大复兴的目标，比历史上任何时期都更有信心、有能力实现这个目标。要实现中华民族伟大复兴的中国梦，我们必须同时间赛跑、同历史并进。十九大报告指出，我们的工作还存在许多不足，也面临不少困难和挑战。我国的社会主要矛盾已经转化为人民日益增长的美好生活需要和不平衡不充分的发展之间的矛盾，发展不平衡不充分的一些突出问题尚未解决，发展质量和效益还不高，创新能力不够强，实体经济水平有待提高，生态环境保护任重道远，特别是我们在某些高科技领域，与世界先进水平还有一定差距，一些关键领域的创新能力有待进一步提高。习近平总书记在广东调研时强调，从大国到强国，实体经济发展至关重要，任何时候都不能脱实向虚。中国科学院院长白春礼曾说过，科技创新能力总体不强，原始创新能力不足，高端科技产出比例偏低，产业核心技术、源头技术受制于人的局面没有根本性改变。

培育大国工匠是推进高质量发展，实现"中国制造"迈向"中国智造"乃至"中国质造"的关键。我们从来没有像现在这样热忱而急切地呼唤大国工匠，这不仅是赶超国际经济发展先进地区的现实使然，而且面对世界发达国家，要使中国的科技水平从跟跑到并跑，甚至领跑，更是需要千千万万个"大国工匠"。因此，需要千千万万个中华儿女以想干凝聚力量，以敢干展示气魄，以会干增强本领，一切围着使命转，一切朝着目标干。实现中华民族"两个一百年"奋斗目标，需要千千万万个独具匠心、手艺超群的大国工匠。

要成就大国工匠，必须有工匠成长的文化土壤，因为文化是一个国家、一个民族的灵魂，文化自信是一个国家、一个民族发展中更基本、更深沉、更持久的力量，也是一个民族永续发展的不竭动力，是全体人民团结进步的重要精神支撑。工匠文化是成就大国工匠的关键。刘刚认为，工匠文化是在人们长期的生产生活实践中形成的，被人们普遍认可和遵循的尽职尽责、注重细节、追求完美的价值观，体现出精益求精、爱岗敬业、持续专注、守正创新的行为特征。[①] 工匠文化具有"无目标""可持续及渐进性""开放性""不易消失，生命力强"四个特点。

潘天波认为，工匠文化是人类社会最重要的手作知识系统，工匠文化由工

---

① 刘刚 . 工匠文化体系研究［J］. 系统科学学报，2019（4）：122-125.

匠创物、工匠手作、工匠制度和工匠精神四个要素构成。其中，工匠的创物文化，即成就文化，或称为实体文化，包括器物文化与工具文化两大类型。工匠的手作文化包含两个重要的符号意义：一是手工，即用手操作或劳作；二是手艺，即手的技艺或技巧。工匠的制度文化是工匠周边社会各种关系的伦理聚集体，它既是工匠手作文化的伦理工具，又是工匠精神文化的社会产物。工匠精神文化是工匠的一种价值文化，它包括工匠心理与工匠意识形态两部分，是工匠文化最为核心的文化。① 研究工匠精神就是对工匠文化的传承与创新发展的社会化路径的选择与定位，并在一定程度上反映工匠精神在社会职场、精神文明建设以及生命文化谱系中的价值。

培育大国工匠的核心是厚植工匠精神。工匠精神是一种精益求精的职业态度或严谨的社会价值观，它发挥着规约人伦、净化道德与陶冶情操的社会功能，并在生命情怀与手作理想维度上成就了社会人特有的文化价值谱系。本书也重点从工匠价值入手，开展大国工匠培育研究，力争使新时代的每位劳动者树立"职业没有高低贵贱之分，任何一份职业都很光荣"的思想。无论从事什么工作，都要"干一行、爱一行、钻一行、精一行"，我们不必人人成为工匠，却可以人人成为工匠精神的践行者。

工匠精神体现为劳动者的职业价值取向、职业态度精神、职业行为表现，主要包括"乐业、勤业、兴业、创新"的敬业精神、"孜孜不倦、精益求精"的求索精神、"见贤思齐、追求卓越"的求学精神和"创新创造、永不停滞"的改造精神。从"工匠精神"第一次被写进《政府工作报告》，到"十三五"规划和十九大报告中对"工匠精神"的多次强调，弘扬工匠精神已经成为一种广泛共识。作为一种重要的精神资源，工匠精神在建设大国工匠队伍的过程中是不可或缺的。但由于受到传统认知的影响，社会对工匠精神还存在一些片面的理解，因此，弘扬工匠精神，需要从"过时观念"转变到"价值传承"，从"重本抑末"转变到"职业认同"，从"经验主义"转变到"创新创造"。

据统计，全球寿命超过 200 年的企业，日本有 3146 家，德国有 837 家，荷兰有 222 家，法国有 196 家。这些长寿企业的一个共同点就是，他们都在传承着一种精神——工匠精神！随着社会主义市场经济的发展，我国各类企业蓬勃发展、不断壮大，更是涌现出了中国工商银行、华为、海尔等诸多国际知名大企业。但不能忽视的是，我国的很多企业在做大做强上花费了大量精力，也取得了很好的效果，但在企业寿命延续上下的功夫似乎相对欠缺，一些传统工艺面临失传，很多世代经营的店铺、作坊面临着后继无人的尴尬境地。

在很多时候，我们有世界一流的技术、一流的设备、一流的规范，但一流

---

① 潘天波. 工匠文化的周边及其核心展开：一种分析框架[J]. 民族艺术，2017（1）：26-33.

的工匠却为数不多。中国目前装备制造业的产值已超过美国，成为全球第一。但不可否认的是，中国制造行业的整体素质和科技竞争实力与发达国家相比仍有一定差距，与全球领先的装备制造企业相比，中国企业不缺技术，而是缺少一种"关注细节、从小事做起"的工匠精神。这使企业难以生产一流的产品，也间接将消费者推向国外市场。如果不唤起工匠精神，中国就谈不上成为世界制造强国、创造强国和智造强国。

工匠精神在中国历经5000年的发展，所累积的成果是中华文明璀璨华章中最绚烂的音符，是中国工艺在世界多样性文化中最具国家文化意义的特征与代表。从陶器到玉器，从万里长城到秦陵兵马俑，从都江堰到故宫，这一切不仅仅是中华民族勤劳与智慧的结晶，也是中国工匠精神的见证，更是中华民族精神的象征和集中体现。中华民族早期文化所表现出的创造精神与精湛工艺，开启了中华文明的先河，并在提升、丰富中使之传续与发展。一部中华文明史凝聚了每个朝代工匠们的智慧和创造。

在古代，工匠也被称为手艺人，即熟练掌握一门手工技艺并以此为生的人，如木匠、瓦匠、篾匠等。工匠是工业化社会形成之前长期存在的一个社会群体，他们凭借一技之长，足食、安居、恩育下一代。"良田百顷，不如薄艺在身"，无论外部环境如何改变，手艺人绝不会轻言放弃。掌握同一门技法的手艺人也有生存法则，彼此之间会有竞争，因此，要想技艺不失传、技法不落俗，每位手艺人都把争当一代名匠视为毕生的追求，而努力的过程往往靠的就是耐心、专注、一丝不苟以及精雕细琢、精益求精的工匠精神。在现代，工匠则泛指在工厂、工地、作坊等场所动手操作、具体制造的工人、技师、工程师等。工匠精神在我国由来已久。庖丁、蔡伦、鲁班等都是我国能工巧匠的杰出代表，战国编钟、唐三彩、宋汝瓷等都凝聚着古代工匠精益求精的精神，表现为工匠技艺在经验、知识、器物和审美等层面的高度统一。

工匠在过去的百业中应归于制造业。然而，当我国步入制造业大国行列，成为"世界工厂"之后，工匠在国人的认知中反而变得模糊不清了，其社会地位更是难以被人认同与接受。久而久之，在社会价值体系中少了对工匠精神的重视，甚至只要提到工匠，自然会联想到古老而落后的生产力和生产方式。实际上，当工匠精神如高原上的氧气般稀缺时，"差不多精神"就开始伺机补位。

国务院发展研究中心的一份报告显示，2011年，我国技术进步速度（TFP）为3.6%，而到了2012年以后，年均增长仅为1%左右。有很多企业左手消耗着技术原始积累，右手则揣着"差不多精神"，对产品质量的把控不够。于是就有学者指出，中国制造业存在大而不强、产品档次整体不高、自主创新能力较弱等现象。这种情况的产生或多或少地与"差不多精神"流行有关。这种"差不多精神"的蔓延和传播正是工匠精神的缺位造成的，它所损害的不仅仅是劳动者个人的品德、身心和技能，还有企业的质量和声誉，甚至对中国迈向制造强国的步伐和速度也会造成不良的影响。

"新常态"在很大程度上总结出了当前我国社会经济发展的趋势。产业转型升级是产业价值链的提档升级，这代表着我国社会经济将迈入一个全新的阶段。以往以速度取胜的旧模式已不再适用，现在应当适时地沉下心来。当前社会需要的不单是懂操作的工人，更青睐有良好职业精神的人才，想要培养专注且能坚守、追求卓越的匠心精神的大国工匠，需要大批拥有工匠精神的人才作为支撑。

第二节 培育大国工匠的意义

当代著名发明家迪恩·卡门认为，工匠不仅仅是一个国家的一部分，更是让这个国家生生不息的源泉。工匠精神作为人类的精神品格之一，与其民族的尊严、生存和发展有着密不可分的关系。在"中国制造2025"战略布局下，匠心制造是破局的核心和关键，在行业共同认知和行动的水平线上，全球专家一致认为，只有将工匠精神发挥到极致才能登峰高端制造行业。著名专家秋实也从不同角度对行业进行解读：高端制造匠心体系需要"工匠—匠人—匠师"三步走，高端制造行业的工匠精神需要在从工匠到匠师的蜕变中演绎出全球高端制造的序曲。

一、理论意义

1. 有助于丰富新时代的教育内容 立德树人是教育的根本任务，良好的职业道德是学生未来服务社会、实现个人价值的前提和保障。而面对新群体、新时代、新形势、新任务，教育要不断适应新情况，对接国家和社会的战略需求，坚持"四为"方针：为人民服务、为中国共产党治国理政服务、为巩固和发展中国特色社会主义制度服务、为改革开放和社会主义现代化建设服务。

培养从业者的责任意识和职业道德是教育的重要内容。爱岗敬业是职业道德的要求，也是工匠精神的本质特征；既是一种职业能力和职业价值观的体现，也是社会主义核心价值观在公民层面的要求之一。工匠精神所体现的敬业精神除了对工作的专注之外，还体现在严谨的职业态度和高尚的职业伦理上，其中既包括精益求精的工艺水准，也包括他们对自身所从事行业和岗位的珍惜、崇尚、敬重。这种把职业视如生命的积极态度，无论对于教育的主体还是客体都值得传承和发扬，也是教育理论的重要内容。

党的十九届五中全会提出，坚持创新在我国现代化建设全局中的核心地位，把科技自立自强作为国家发展的战略支撑，加快建设科技强国。这一重要论断丰富和深化了我们对科技创新规律的认识，将科技自立自强的重要性提上了历史的新高度，为我国加快建设科技强国提供了科学指导。要成为世界主要科学中心和创新高地，实现科技自立自强，离不开教育的人才支撑，培养高素质、创新型人才，需要智力因素和非智力因素，既需要高、精、尖的专业知识，也需要敬业、精益、专注、创新等的工匠精神。

2. 有利于践行社会主义核心价值观 自从党的十八大提出"三个倡导"以来，社会主义核心价值观已成为当前我国主流意识形态的重要内容，对马克思主义理论的创新发展做出了新的贡献，成为引领中国人民实现中国梦的精神食粮。在改革进入深水期的关键时刻，从国家、社会和个人层面倡导的社会主义核心价值观应运而生，并上升为国家意志，为全民所接受。

从本体论的角度看，工匠精神为社会主义核心价值观增添了时代内涵。马克思主义认为，本体论的实质就是探求"终极存在"的理论，它蕴含着人类对高远境界哲学的追求，体现着人类对经验世界多样性的统一和"一切本源于它、最终又复归于它"的终极本质或终极本原的思考与探索。本体论最本质的特征就是追求"终极"，实质上就是对人的价值和意义的追问。

马克思主义认为，无论技术发展到什么水平，都离不开"人"这一最核心的生产要素。科学家脑中产生想法，工程师施工实现工程化，工匠制造出产品，三者缺一不可。习近平总书记说，一切劳动者，只要肯学肯干肯钻研，练就一身真本领，掌握一手好技术，就能立足岗位成长成才，就都能在劳动中发现广阔的天地，在劳动中体现价值、展现风采、感受快乐。拥有工匠精神的劳动者，往往能够在制造中不断改进工艺、在改造中努力突破极限、在享受中追求更高的幸福指数。

工匠精神与社会主义核心价值观同属意识形态范畴，主体因素在人。从国家层面讲，工匠精神与富强息息相关。倡导工匠精神，不仅可以提高劳动者的社会地位，而且能造就一批技术过硬、追求卓越的工匠，他们将成为整个国家迈向制造强国的坚实基础。只要每个人都踏实做好本职工作，将每件事做到最好，自然会助推更快更好地实现国家富强的目标。就个人而言，工匠精神与敬业一脉相承。工匠和普通工人都是劳动者，是社会的建设者，推崇劳动光荣是敬业的本质表现，不变的是对劳动的尊重，变化的是对劳动的更高要求。好的工匠就是要专注于自己的工作，追求极致，不断超越自我，从而提升全社会各行业的敬业精神。因此，可以说，工匠精神为社会主义核心价值观增添了时代内涵。

从认识论的角度看，工匠精神为社会主义核心价值观强化了引领功能。马克思指出，人是有意识的存在物，人之所以区别于动物，在于他的生命活动是有意识的。社会现象与自然现象的根本差别是，自然现象都是自发的，而社会现象都是人的意识和目的作用的结果。意识形态的首要功能就是引领社会的价值观念，进而引导每个社会成员的价值观念和行为。它能够通过引领社会的多元价值观念，引导社会成员建立对社会主流意识形态的信念，认同和维护现行制度与秩序，自觉遵守社会行为规范，为实现统治阶级或集团的目的服务。

英国小说家和戏剧家毛姆说过，文化的价值在于它对人类品性的影响，它的目标不是美，而是善。工匠精神与社会主义核心价值观均为文化软实力，而文化作为一种精神力量，在人们认识世界和改造世界的过程中能够转化为物质力量，对社会发展起到引领作用。工匠精神扎根于价值观，是当代中国的价值标志，强化了其引领功能，反映了当代中国的价值需求和全体人民的价值追求，它对于培育社会主义核心价值观，营造整个社会向上向善的氛围，有着不可低估的现实意义。

从实践论的角度看，工匠精神为社会主义核心价值观规范了价值取向。马克思主义实践论认为，实践是人类改造世界的活动，它不仅是全部社会生活的本质，是整个世界历史的基础，而且还是人的一种生存方式。人不仅以感性的活动生活着，使自己的生命活动本身变成自己意志和意识的对象，而且通过实践的方式不断证明自身、超越自身，并在最深刻的层次上和最彻底的意义上把握自己与世界的关系，确认自身在世界中的地位与价值，"实践是检验真理的唯一标准"。价值世界以人类的实践为依托，实践活动的深层自觉规范着价值取向。培育和践行社会主义核心价值观就必须从中国人民具体、历史、感性的社会实践入手，即以实践作为理论的基础。工匠精神作为社会主义核心价值观的实践体现，从可操作层面上进一步规范了价值取向。工匠精神专注于一丝不苟的职业理念，是社会主义核心价值观个人层面的敬业的具体化，体现了马克思主义尊重简单劳动、重视复杂劳动的价值取向。工匠精神耐心与注重细节的价值取向，外化了社会主义核心价值观的"诚信"理念，同时也进一步激发了广大劳动者的创造热情，通过诚实劳动来实现人生梦想，展示自己的人生价值，形成良好的社会风尚。

加强对劳动者工匠精神的培育，既有助于丰富新时代的教育内容，也有利于培育和践行社会主义核心价值观，为实现中华民族伟大复兴的中国梦提供精神动力。

二、 现实意义

1. 工匠精神是一种文化传承的实践 工匠精神作为一种文化遗产，是职业精神的体现，是中国精神的重要组成部分，体现在各行各业的实践中。工匠精神是以手艺为支撑的精神品格，是技术之外的精神外延。从古至今的工匠都有传承的绝活，他们是技与艺的综合。即使是新石器时代的陶器那样粗简的制作，在技术方面，包括绘画和烧制，都是在不断的失败中获得的成就。在不同的类别和材质上，不同的技艺表现出不同的工艺水平，显现了类别的特点；而在相同的技艺表现上，其工艺水平则区分出大匠与凡工。精湛和极端技艺是大匠的毕生追求，而突破与创造则是彰显其魅力的核心。手艺的磨炼是时间的消费，也是精神的倾注，需要持之以恒，需要一以贯之。不同类别的手艺有各自的技术基础和终极目标，但精雕细琢和一丝不苟则是工匠们的共同追求。在中国丰富的工艺世界中，玉石、金银、青铜、陶瓷等不同材质，从造型到图案，从绘画到雕刻，从印染到织造，从剪到刻，从嵌到绣，从编到织，工匠精神所追求的，是工与艺的完美结合。无工不精，无艺难美。从材料的选择到具体的设计，再到工艺的制作，都在追求极致的品格中不同于一般的精神和境界，提倡工匠精神就是弘扬中国精神的具体实践。精湛的技艺并非一蹴而就，而需历久的磨炼。因此，技艺往往深含私有的特性，技艺的传承也在保留与发展的过程中显得十分重要。传给谁？需要在家族或弟子中进行甄选。传承不仅要将手艺与成就传给后人，以避免初始阶段的失败，还要以不断、不绝为依归，应该说，这也是工匠精神的重要内容。为了传承，师傅会总结出特定的方法或口诀，归纳出特别的窍门和要领，技术在传承过程中的守望与相依，需要以工匠精神奠定思想基础。为了使特定的技艺能够代代相传，精神的延续就显得十分重要，所以，这种传承更重要的是手艺与责任的托付、成就与精神的传续。

2. 工匠精神是弘扬职业道德的基础　工匠精神是弘扬职业道德的基础。职业道德守则只有在工匠精神基础之上才能体现出其精髓和意义所在。随着中国社会的不断发展进步，对于技术技能型人才，尤其是具有工匠精神的优秀人才的需求日益突出。虽然工人和工匠只有一字之差，但两者的工作状态与结果有着天壤之别。弘扬工匠精神、坚守职业道德已然成为职业教育的主体。工匠精神推崇的是爱岗敬业、恪尽职守、精益求精的职业道德和标准，培育工匠精神是实现国家发展创新、永葆生机与活力的现实需要。我国缺少的从来就不是创业人，而是职业人，职业道德是现在这个社会中宝贵的精神财富，各行各业人员都应当努力提高自身素养，弘扬工匠精神，为落实社会主义核心价值观而努力。

被誉为"匠心山东人"的手工阿胶技艺传承人武祥伦，秉承着宏济堂的百年堂训，始终坚持手工熬胶，以诚信和质量为本，保证阿胶的质量；日本的寿司之神小野二郎，九十多岁高龄，仍然坚持做自己钟爱的寿司，大到每一条鱼的选材，小到每一粒米以及每一块木炭的选择，都事必躬亲、兢兢业业。他们都身体力行，诠释了职业道德的重要性。

随着时代的发展，机器必将取代大量工匠们的工作，但工匠的职业精神和职业道德是不可替代的。我国在历史上有着无数杰出的工匠典范，手工业源远流长、技艺精湛，手艺精良的大国工匠们传下了不计其数的宏伟杰作。现今，提倡工匠精神，不单是对传统手工艺的怀旧，也是对职业道德的号召。工匠精神不仅是国家的需求，也是各行各业所必需的。工匠精神彰显着一个时代的面貌，是每个人的追求和人生态度的象征。

3. 促进人的素质提高和自我价值实现　公民的素质与民族复兴大业的建设息息相关，大国工匠是时代的荣光和风向标，具有重要的引领作用，工匠精神体现了人们对尽善尽美的事物和高尚品格的不懈追求，工匠精神的培养对提高国人的素质起着至关重要的作用。工匠精神是国民素质的重要组成部分，它首先体现在职业道德中。这种职业道德并不是靠法律法规来制约的，而是来自劳动者"内心中道德的力量"。

德国人近似古板的严密谨慎，使产品的质量更加完美；日本人近乎神经质般对产品质量提出高要求，将产品质量视为个人尊严；瑞士人以诚信和务实而闻名，他们的银行业和钟表业在全球遥遥领先。这些国家都是得益于国民性格中的优良品质，才创造出如今在制造业和商业领域中的杰出成就，并由于制作精良而赢得了全世界的关注。由此不难看出，国民素质的提升推动了工匠精神的发展，工匠精神也会塑造更高的国民素质。

为了完成民族复兴的伟大事业，必须重视大国工匠的培养，全面推广工匠精神，将培育工匠精神融入国民教育中。注重劳动教育，引导人们树立正确的世界观、人生观和价值观，将工匠文化深入义务教育、基础教育、高等教育、职业教育、成人教育等各个教育阶段，强化学生注重细节、勤奋务实的品格，以深化民族基因中的工匠精神。同时，我国应该在原有优秀职业精神和敬业传统的基础上，选拔各行各业优秀的典型代表，树立正确的风向标，突出劳模精神，使学生确立正确的职业理想，端正劳动观念，实现全面发展。只有这样，才能在国际上立于不败之地。

4. 工匠精神是促进人的全面发展的内在需要　一个人、一个民族和一个国家的生存和发展离不开独立性和创造性。倡导工匠精神，能够促进人在工作岗位上充分发挥智慧和优点，大胆创新，推动企业和社会发展进步；有利于提高职业品德，促进从业者更好地发挥自身潜能，在工作中积累经验、提升自我，并能够激发其在岗位上大展拳脚，达成人生目标。弘扬工匠精神对企业和学校来说至关重要，一个集体离不开个人的全面发展和自我完善。复杂多变的时代使各个行业都充满竞争，单纯的知识型人才已经不能适应社会发展的需要。从业者还需要发挥主导作用，建立科学、正确的职业观，规划好前景，并做出好的职业选择。职业是一个人达成自身理想和目标的重要舞台,通过工作能够实现自我价值,得到满足感。新时代,普及工匠精神,提升从业者的职业道德和职业能力,磨炼品质,锤炼意志,弥补自己的弱点,才能克服未来职业生涯中的种种阻碍和困难,逐渐提高专业素质,为自身综合发展创造有利条件。

劳动者的世界观、人生观、价值观是在成长和实践中逐渐形成和建立起来的,在这个过程中,强化工匠意识,树立工匠精神,可以使广大劳动者更好地承担起构建和谐社会、建设祖国、实现中国梦的主力军的责任。增强自身职业道德素养,沉淀内心,经营好自己,才能促进自身全面发展,成为社会需要的人,成为真正能够奉献社会、为国所需的匠人。

以工匠的心境和思维来做事,就会产生强大的心灵力量,即使面对的是单调平淡的工作,也会令人不自觉地投入其中。对于工匠们来说,他们有自己的信仰,有对创造完美产品的孜孜追求。最近,一部名为《寻找手艺》的纪录片迅速走红,其比较独特的地方在于采用了行走式记录的方式。纪录片的三位主创均不是专业人士,却成功地聚焦了人们的目光,将199位手艺人和144项传统手艺带到观众面前,最大限度地还原了民间艺人的工作原貌,无摆拍、无修图,让人感觉真实亲切。手艺人们专注的样子,都被定格在了画面里。山西省柳林县孟门镇冯世林造的桑皮纸、云南勐海县勐遮镇坎温老人做的傣族油纸伞……片中的每个手艺人都是默默无闻的,他们的人生很慢,慢到做好一件事需要花一辈子的时间。其生活环境和工作条件虽艰辛,但他们心中有信念,无数次挑战技术难度极限,只为实现自身的价值,把工匠精神发挥到了极致。就像片尾曲唱的,"森林里的一棵树,不需要知道自己是一棵树",但是没有他们,森林将不复存在。

高尔基曾经说过:"一门手艺的灭亡,就代表着一座小型博物馆的消失。"手艺人的坚持,不仅仅是为了谋生,更是为了实现自身价值和传承优秀文化,他们传承着凝神专一的工匠精神。培养和发扬工匠精神,不仅能够提高从业人员的职业素养和敬业态度,还能使他们意识到工作不只是为了赚钱,而是一种对事业的追求和价值的实现,从而树立起尊重职业、认真负责的态度。

总之,厚植工匠精神,有利于培育勤奋务实、敬业乐群、专注耐心、创新创业的大国工匠,挖掘创新能力,做强做久品牌,促进经济发展和科技进步,以推动我国加入世界制造强国行列。只有了解并践行工匠精神,劳动者才能对本职工作有正确的认知,并将事业看成自己的生命一般来重视,提高职业素质和工作效率。

第三节 工匠精神的国内外研究现状

一、工匠精神的国内研究现状

利用中国知网，以"工匠""工匠精神"和"工匠文化"为关键词，对所有文献进行检索，截至 2020 年 7 月 1 日，研究成果数量如表 1-1 所示。"工匠""工匠精神"和"工匠文化"相关文献研究数量从 1996 年开始，至 2013 年，都在个位数，增长速度非常缓慢，从 2014 年开始成倍递增。

表 1-1 工匠精神国内研究数量分布

单位：篇

相关文献	年份						
	2020	2019	2018	2017	2016	2015	2014
工匠	1 042	2 672	2 686	2 781	2 275	259	54
工匠精神	795	1 978	2 049	2 056	1 824	177	35
工匠文化	51	129	129	116	84	5	4

可见，工匠精神已成为社会和学者关注的热词。从检索到的文献来看，国内研究主要集中在以下几个方面：

1. 工匠精神内涵的理论论述　《工匠精神及其当代价值》分别从中西方视域阐明了工匠精神的内涵：在我国，工匠精神主要体现在追求技艺之巧的创造精神、如琢如磨的工作态度以及超越人生意义的卓越境界；在西方，工匠精神更多被认为是非利唯艺的纯粹精神、至善尽美的目的追求、对神负责的敬业作风。[1]《工匠精神的内涵及时代意义》对工匠精神的内涵作出了细致的概括：工匠们用自己一生的时间来反复打磨自己的作品，以达到无可挑剔。[2] 强调工匠们对于标准和规矩的坚守。《技能型人才"工匠精神"培养：诉求、价值与路径》提到，"工匠精神"是一种对职业敬重并持之以恒的工作态度。展现一个时代的气质，专注于技术和专业，是吃苦耐劳、刻苦钻研、精益求精的态度，是一种踏踏实实、本本分分的坚持。[3]《工匠精神：内涵、价值、塑造》则认为，工匠精神是一种钻研精神，能在自己的岗位甚至是行业里有着一技之长，且有着忠于职守的职业心，物我相望的职业品德。[4]《供给侧背景下培育

---

① 肖群忠，刘永春. 工匠精神及其当代价值[J]. 湖南社会科学，2015（6）：6-10.

② 杨冬梅. 工匠精神的内涵及时代意义[N]. 工人日报，2017-03-14.

③ 李梦卿，任寰. 技能型人才"工匠精神"培养：诉求、价值与路径[J]. 教育发展研究，2016（11）：66-71.

④ 吕国泉，李羿. 工匠精神：内涵、价值、塑造[N]. 工人日报，2016-05-24.

与弘扬"工匠精神"问题研究》指出，工匠精神表现为对职业充满着敬重、对工作认真负责、对产品追求极致完美、对服务崇尚一流优质的价值取向。实践证明，工匠精神可以激发我国制造业的不断创新，提升我国制造业领域的生产质量和生产品牌，推动我国制造业优化升级。①

2. 工匠精神的价值探析研究　《论中国古代工匠精神的价值意蕴》一文论述到：工匠精神在中国古代的价值主要体现在能够实现真善美的境界，可以直接映射到中国的传统教育。②《工匠精神的现代价值意蕴》表明，工匠精神的价值是从业人员尤其是工匠们打造本行业精品。③《弘扬工匠精神的时代价值》认为，工匠们的价值在于不单单把工作当作糊口的手段，还有着更高的价值追求，是一种职业的荣耀和对生活的守望。这样，在为社会创造财富、奉献自身的同时，也使从业者从中获得职业满足感，实现自我价值。④《以工匠精神引领时代，以工匠制度创造未来》阐明，工匠精神的价值即为职业精神、工作态度和人文素养三者的统一。⑤《工匠精神的当代价值意蕴及其实现路径的选择》提到，虽然工匠精神在古代就已诞生，但在当今便捷的信息时代中依然有着重要价值，是人们重要的思想资源和强大精神动力。⑥《分析工匠精神及其当代价值》提出，工匠精神在当代各行各业中仍旧有着不可取代的作用，不仅是企业的灵魂，也能够让工作主体找到自我价值。⑦

3. 职业教育与工匠精神融合研究　《高职院校学生"工匠精神"的培养》认为，为一线工作岗位提供高级技术人才是当前职业教育的任务，这与"工匠精神"对工作素质的要求相一致，工匠们敬业的职业态度是对技术工人素质的最好诠释。⑧《依托职业技能大赛培育"工匠精神"的实践与探索》阐明，要促进我国职业教育质量的发展，就要多举行职业院校技能大赛，这对于培育"工匠精神"是相当有效的举措。各地的职业院校应积极建立比赛制度，通过技能大赛来选拔具有"工匠精神"的人才。⑨《工匠精神在职业教育中的回归

①　李宏昌. 供给侧改革背景下培育与弘扬"工匠精神"问题研究[J]. 职教论坛，2016（16）：33-37.

②　薛栋. 论中国古代工匠精神的价值意蕴[J]. 职教论坛，2013（34）：94-96.

③　查国硕. 工匠精神的现代价值意蕴[J]. 职教论坛，2016（7）：72-75.

④　马春梅. 弘扬工匠精神的时代价值[N]. 河北日报，2016-06-08.

⑤　徐桂庭. 以工匠精神引领时代，以工匠制度创造未来[J]. 中国职业技术教育，2016（16）：107-115.

⑥　叶美兰，陈桂香. 工匠精神的当代价值意蕴及其实现路径的选择[J]. 高教探索，2016（10）：27-31.

⑦　孙珊翔. 分析工匠精神及其当代价值[J]. 才智，2017（4）：240.

⑧　徐吉贵. 高职院校学生"工匠精神"的培养[J]. 西部素质教育，2016（23）：103-104.

⑨　金璐，任占营. 依托职业技能大赛培育"工匠精神"的实践与探索[J]. 中国职业技术教育，2017（10）：59-62.

与重塑》一文的观点则是，高职院校应整合自身多种教学资源，全方位地渗透"工匠精神"，强化职业教育的质量，努力培养出更多的"大国工匠"。①《"匠心精神"文化下的职业人才学徒式培养》建议，通过以"匠心精神"为范本来建立现代学徒制度，以此发展职业教育，为我国经济发展助力。②《打造"工匠精神"，圆"中国制造梦"》认为，想要打造"工匠精神"，圆"中国制造梦"，需要在一言一行中高度重视职业教育，努力形成职业教育所特有的评价模式，形成品牌效应，从而吸引大批职业人才来校学习。③

总体来看，学者对工匠精神的相关研究越来越重视，研究的视角越来越宽，成果越来越多，为本书提供了一些借鉴。

二、 工匠精神的国外研究现状

工匠精神作为一种文化和精神理念，具有一定的时代性和地域性特点。不同国家对于工匠精神的解读虽有共同点，但由于所处的文化背景不同，其具体的含义和侧重点也不尽相同。国外对工匠精神的研究主要分为以下两个方面：

1. 工匠精神的发展研究　伴随着资本主义社会的几次工业革命进程，资本家对劳动力和生产效率的要求以及对劳动力创造更多价值的渴望，推动了学者对劳动力工匠精神的研究。其中比较有代表性的是理查德·桑内特的研究，他详细阐述了西方社会 20 世纪之前工匠精神存在的三个历史阶段：古代行会、工业革命时期的光明时代以及浪漫主义时代。在最初的古代行会时期，匠人只需有得心应手的手艺，再加上可靠的信誉，便能安身立命。而后，随着机器的大规模运行，工匠们开始不断创新，要求进步，最后，工匠们要思考的问题则变为该如何与机器进行合作。他在《匠人》中提出："现如今，科学技术突飞猛进，尽管机器人逐渐取代了很多的工作者，但是工匠身上所拥有的勤恳踏实、专注耐心的精神品格是无法替代的。"著名经济学家亚力克·福奇在《工匠精神　缔造伟大传奇的重要力量》中写道："近百年来，工匠精神犹如一台从不停歇的发动机，引领美国人民不断创新，它刻画了一个创新的国度，成为其永不磨灭的精神的重要源泉。正因如此，在当前信息如此发达的时代，我们比以往更需要工匠精神的回归。"可见国外对工匠精神的重视程度。马修·克劳福德在通过自己从政治学博士摇身一变，成为摩托车修理工的亲身经历，体会到了尽力把一件事做到无懈可击的工匠精神才是真正获得劳动幸福感和满足

---

①　张娟娟．工匠精神在职业教育中的回归与重塑[J].职教论坛，2016（35）：35-39.
②　沈梅．"匠心精神"文化下的职业人才学徒式培养[J].中国商论，2017（7）：178-179.
③　任志新．打造"工匠精神"，圆"中国制造梦"[J].江苏教育，2015（11）：38.

感的源泉。

2. 企业中的工匠精神研究　根岸康雄在其编著的《精益制造 028：工匠精神》中讲述："每一个创新的技术里都有一个故事，比如不会让人痛的注射针、iPod 的研磨技术、冲绳美丽海洋馆的巨大水槽……发明这些技术的都是日本的小型工厂。高成本、紧急交货期和大公司在海外的严酷竞争……这些都阻止不了他们。只想做优选的产品！这就是这些小工厂的愿望。"稻盛和夫在《匠人匠心》中表明，在繁重复杂的工作中，若要让神愿意对你伸出援助之手，就必须努力钻研，沉下心来做事。秋山利辉认为，一个国家、一个民族想要立于不败之地，单靠科学技术是行不通的，还应当积极地传承匠人精神。他在著作《匠人精神　一流人才育成的 30 条法则》中立下严苛的规矩，最终的目的是要淬炼一颗心，即纯净、坚韧、浓缩的匠人之心，"不需要追求木工手艺的至善至美，而是精神上的纯然认真，以此而通神明"。

国外关于工匠精神的培育和教育一般是通过对职业教育的高度重视，并把工匠精神培育融入企业文化来实现的。通过对国外工匠精神的研究现状的学习可以看出，一些企业能够成功并保持着持久的竞争力，都有着一个共同点，那就是专一、耐心，且坚守一个目标，并做到极致。在日常生活中，可以通过实践提高劳动者的责任意识，通过法律法规强化劳动者认真做事的精神。这对于逐步推进依法治国的中国来说，也有很多可以借鉴的地方。

综上，从对当前国内外文献的研究情况可以看出，美国、日本等国家对工匠精神的理论研究较早，且能够基于实际情况，整合多种方式进行实践应用，以达到预期效果。我国虽从古代就流传着匠人的典范事迹，现如今社会各界也颇为重视，有了一定的关注度，但还存在许多不足之处：相关研究尚处在起步阶段，还没有进行深入透彻的分析，缺乏系统性和具体性；过多注重理论的探究而轻视实际运用；针对职业院校和个别职业工匠精神的研究相对较多，缺少对全民普及工匠精神的教育研究。为此，本书对于大国工匠和工匠精神培育的研究就显得更有必要性，可以对当前工匠精神的研究内容予以部分充实。相信以后相关研究将会更加完善，研究结果也会更具有说服力。

第四节　研究内容和方法

一、研究内容

本书以李克强总理强调的"弘扬工匠精神，勇攀质量高峰，打造更多消费者满意的知名品牌，让追求卓越、崇尚质量成为全社会、全民族的价值导向和时代精神"为指导，运用马克思主义理论、从实际出发的逻辑方法，按照工匠精神的历史脉络，结合当代劳动者实际进行逻辑推演，侧重于问题和对策研究。其研究成果能为决策提供有价值的咨询和参考，提高国民整体素质，力争用职业核心素养、职业核心能力和敬业精神夯实工匠精神培育的基础，提高劳动者的整体素质，作为"大众创业，万众创新"和"中国制造2025"的动力，为实现"两个一百年"奋斗目标和中华民族伟大复兴的中国梦奠定基础。

1. 从践行社会主义核心价值观的角度解读培育新时代劳动观、职业核心素养和职业核心能力、敬业精神和工匠精神的重要性　爱岗敬业是社会主义核心价值观在个人层面的基本规范和要求，工匠精神的基本要求就是爱岗敬业、摒弃浮躁、宁静致远。中华民族素有敬业乐群、忠于职守的传统美德。孔子云，"执事敬，事思敬，修己以敬"。工匠精神就是在工作中秉持执着坚守、精进拼搏、脚踏实地、锲而不舍、开拓创新、乐于奉献、爱岗敬业、精益求精的工作作风，这些正是敬业精神的体现。

2. 厘清职业核心素养、职业核心能力、敬业精神和工匠精神的时代内涵　伟大的事业呼唤伟大的精神，伟大的梦想需要伟大的精神作支撑。实现中华民族伟大复兴的中国梦是华夏儿女的共同梦想，要实现梦想，需要普遍提升劳动者的职业核心素养、职业核心能力、敬业精神和工匠精神，让工匠精神薪火相传。工匠精神在中华民族的血脉之中流淌了五千多年，工匠精神的内涵众说纷纭，本书将在前人的基础上，研究职业核心素养、职业核心能力和敬业精神，并厘清工匠精神的时代内涵。

3. 探讨用工匠精神解决现实问题　无论是工匠精神制造的产品，还是它所体现的职业道德，乃至背后的人的素质，都与一个民族的尊严、生存与发展有着密不可分的关系。实际上，中华民族艰苦奋斗、坚韧不拔、追求卓越的民族气节，恰恰是工匠精神的重要内容。正是由于职业核心素养、职业核心能力、敬业精神和工匠精神的式微和缺乏，才导致如今一系列的产品问题和社会问题。我们应力争通过培育劳动者的工匠精神，引导全社会确立尊重劳动、尊重知识、尊重技术、尊重创新的观念，实现国民素质的根本性提高。

4. 培育劳动观、职业核心素养、职业核心能力、敬业精神和工匠精神的策略　拟通过调查研究了解劳动者的思想特点和行为趋向，掌握他们关心关注的热点和自身兴奋点，结合学校教学特点和文化氛围，在前期劳动教育的研究基础上，围绕素质基础（劳动观、职业核心素养、职业核心能力）、精神境界（敬业精神）和能力体现（创新创业）三个维度开展研究，将工匠精神融入职业教育、培训的过程中，用多举措、立体式、全方位的手段，使工匠精神根植于劳动者的身心，践于行，成为他们走向成功的法宝。研究的重点难点主要体现在以下几个方面：①如何摸准当前新时代劳动者的思想脉搏和身心特点，有针对性地开展工匠精神培育工作。特别是现在千禧一代已经逐步步入职场，他们是在家庭的百般呵护和国家快速发展的优越环境中成长起来的，没有受过重大挫折和生活苦难，在思想上和行为上与上一代人有明显不同，要科学掌握他们的思想脉搏、价值取向和行为方式。②如何选择合适的方法和教育载体，使劳动者能真正接受并在现实中自觉践行工匠精神。对于广大劳动者，尤其是新生代从业者，他们的兴奋点在哪里，他们的关注点在哪里，如何吸引他们的注意力，把焦点放在提升工匠精神上。③如何构建大国工匠塑造和培育的长效机制，保证工匠精神培育的可持续性。本书在前期劳动教育的研究基础上，围绕抓住关键阶段（高等教育阶段）、借助成功经验（国外工匠精神培育）和示范榜样带动（大国工匠典型案例）三个维度，夯实劳动者的工匠精神。

二、 研究方法

工匠精神研究需要解决多学科视角拓展、研究内容规范、研究方法得当、研究成果转化等当前所面临的学科发展的重要问题。"事必有法，然后可成"，工匠精神的研究需要以科学的方法论为指导，才能取得预期效果。

1. 文献资料法 通过查找纸质资料（图书、报刊等）和利用丰富的网络资源（电子期刊和电子图书馆等），力图获取以下材料：国内外对于工匠精神的理论与实践的研究资料；国内外对于工匠精神培养的理论与实践的研究资料；劳动观、职业核心素养、职业核心能力、敬业精神和工匠精神的概念、培育方法和考评方法。把握研究现状的主要线索和脉络、总体发展趋势和前景，同时以敏锐的直觉和科学的洞察力，善于从文献资料中梳理出具有重大理论价值和实践意义的深层问题，精心浇灌和培植，使之成为理论完善和发展的新生长点。

2. 调查法 本书有许多经验性问题需要通过调查法来研究和解决。在宏观层面上，需要通过调查法了解我国劳动者在新的社会、经济、文化发展背景下，在社会舆论、伦理道德、价值规范等特定条件下表现出来的思想和心理特点以及制约因素等。在微观层面上，需要通过调查法了解和把握当前劳动者的思想特点和职业态度，以及工匠精神培育的具体方式、途径和措施等。为此，笔者精心设计和制作了既符合本书研究的规定要求，又具有科学性、可操作性，且信度和效度较高的工具和手段。

3. 跨学科研究法 科学发展运动的规律表明，科学在高度分化中又高度综合，形成一个统一的整体。培育大国工匠是一个系统工程，需要国家、社会和学校协同发力，也需要教育学、社会学、历史学、心理学、管理学、统计学等多学科知识的运用，本书将最大限度地挖掘有关工匠的学科知识，给相关研究者提供参考。

第二章
工匠精神的相关概述

　　工匠，字面理解，是工人、匠人的意思。工匠精神是一种在设计上追求别出心裁、质量上追求完美卓越的精神，体现在劳动者的价值追求和综合素质上，落实在产品的质量和生产的各个环节上。工匠文化是在人们长期的生产生活实践中形成的，被人们普遍认可和遵循的尽职尽责、注重细节、追求完美的价值观，体现出精益求精、爱岗敬业、持续专注、守正创新的行为特征，它深刻影响社会生活的方方面面，在经济领域尤为明显。工匠文化由物质文化、制度文化、精神文化等构成，其核心和灵魂是工匠精神文化。古今中外，工匠精神都是推动时代进步的强大精神力量。工匠们内心笃定、恭敬谦逊，不好高骛远、不贪功求名。他们专注执着，精益求精，把一个个不可能变为可能，体现着一种追求卓越的大国工匠气度。

第一节　工匠、工匠精神和工匠文化

一、工匠的定义

　　从工匠之传统含义来看，工匠是传统社会四民——"士农工商"之一，而从词源、词义来考察，"工"和"匠"最初是两个独立的词，经过历史发展最终合成一词。工匠，拆分开来讲，"工"便是"精""巧"的意思，"匠"乃技艺。"工匠"在《现代汉语词典》（第7版）中的解释为"手艺工人"。结合古今字义可见，只有技艺精湛的匠人，才称得上工匠。工匠，是经过长期专门的磨炼而练就出来的人才，是在整个专业活动中能够做到熟练且得心应手的人。历史上，工匠专指从事手工业制作和劳动的匠人，只专心于造物，忠于职守，执着于追求产品的品质，但其文化水平不高，社会地位不高，如木匠、鞋匠、铁匠、皮匠等。随着机器化大生产的发展，工匠们的位置逐渐被机器取代，但是工匠精神作为一种理念却在不断地鼓舞着人们。美国学者理查德·桑内特在《匠人》一书中说："木匠、实验室技术员和指挥家全都是匠人，因为他们努力把事情做好，匠人代表着一种特殊的人的境况，那就是专注。"无论是静心手工制作的匠人，还是埋头于科学实验的工作人员，从简单劳动到复杂劳动，一切有着精巧手艺且能造福人类文明的劳动者，都是匠人，这便是现代意义上的工匠。

对于工匠们来说，他们最看重的是"工"，即追求卓越的工艺和质量，而不是"利"。工匠们总是潜下心来专做一件事，这是源自心灵中的热爱，他们不追名逐利，只想单纯地把事情做到完美。工匠不是投机家，投机家可以反复计算利益，然后得出最符合自己利益的做法，工匠做的只是自己。遵循本心做事，遵循本性做人，是为工匠。

二、 工匠精神的定义

词典中，工匠精神释义为"工匠对自己做的产品精雕细琢、精益求精，不断追求完美和极致的精神理念"。邹其昌在《工匠文化与人类文明》中将工匠精神理解为四大基本要素（原则），即"巧"（技术原则）、"饰"（艺术原则）、"法"（行为准则）、"和"（生态原则）。在现代社会，工匠精神又被赋予了新的时代内涵，扩展为一种不断追求行业技能及产品质量的极致与完美的精神，既是对事业的追求、对社会的责任感，也是一种自律。它是工业化时代的产物，是现代社会从业者需要发扬的一种精神。

2016 年，在《咬文嚼字》杂志发布的年度"十大流行语"中，第一个流行语是"供给侧"，第二个就是"工匠精神"。古人认为，工匠精神讲求"巧夺天工"的创造精神、"尊师重教"的师道精神、"强而力行"的敬业精神、"切磋琢磨"的精益求精，是"庖丁解牛""轮扁斫轮""运斤成风""道技合一"等的有机统一。工匠精神的现代意义内涵丰富，体现在精于工、匠于心、品于行、化于文。工匠精神具体包括四个方面：一是注重细节，追求完美和极致，不惜花费时间和精力，孜孜不倦，反复改进产品；二是一丝不苟，不投机取巧，对产品采取严格的检测标准，不达要求绝不轻易交货；三是耐心细心，专注坚持，不断提升产品质量和服务水平，真正的工匠，在自己的专业领域里绝对不会停止追求的脚步；四是专业敬业，创造一流，打造本行业最优质的产品，使其他同行无法匹敌。

亚力克·福奇在其著作《工匠精神 缔造伟大传奇的重要力量》中对于工匠精神的解释是这样的：工匠精神意味着工匠专心于制作自己的产品并不断更

新其工艺，他们注重产品的最终质量，追求以人为本，而不是追求利益。同时，他还阐释了工匠精神的三个基本内涵：第一，用周围已经存在的事物制造出某种全新的东西；第二，工匠们的创造行为在最初没有明确的目的性，就算有，也和当时确定好的目的有很大不同，能够激发人们的激情和对它的迷恋；第三，它是一种"破坏性行为"，工匠们背对历史开始了一段充满发明创造与光明的全新旅程。[①] 肖群忠、刘永春在《工匠精神及其当代价值》中指出，工匠精神狭义上是指凝结在工匠自身，广义上则是指凝结在所有人身上的追求卓越的工作态度与品质。[②] 刘志彪在《工匠精神、工匠制度和工匠文化》中指出，从供应角度讲，工匠精神主要是指追求生产过程中完美细节的精神；从需求的角度来看，主要是指满足消费者的苛刻需求，在消费者的立场上不断提升产品质量和性能；从行为的角度来看，则是指严谨求实的工作态度和坚持不懈的努力。[③] 史俊则在《工匠、工匠精神、工匠文化》中提出，工匠精神的第一要旨是劳动神圣，又一要旨是执着专注、尽心竭力、心无旁骛。[④]

总之，在这个时代，工匠精神被赋予了全新的含义。工匠精神是一种高层次的文化形态，是社会主义核心价值观的生动体现，昭示着我国从制造大国走向制造强国所具备的文化基因，被视为提升产品质量和制造水准的一剂良方。它不仅仅是个体层面对产品精雕细琢、精益求精、追求极致和尽善尽美的精神理念，而且是国家和社会层面构建的一种生存理念和价值观念，其背后蕴含着中华传统文化的精粹。

从以上基本内涵可以看出，工匠精神是工匠以极致的态度对自己产品的精雕细琢，注重细节，为追求完美不惜花费时间精力，孜孜不倦的精神理念。工匠精神本质上是人类在认识世界、改造世界的实践中所形成的一种坚定、执着、踏实、坚韧、专注、精益求精和追求极致的精神，也是一种热爱工作、热爱事业、热爱生活，并集中展现出鲜明的使命感、价值感、荣誉感、责任心和勇于担当的人生态度。对于工匠精神，在学术界虽然还没有一个精准的定义，但每个学者都有着自己独特的理解。

工匠精神的文化内涵包括以下几个方面：首先，工匠精神是一种职业精神，耐心和专注体现的是一种职业坚守精神。一个合格的工匠，会坚持精益求精、持之以恒、爱岗敬业、守正创新，总是把自己的产品摆在首位，一丝不苟、追求极致。一丝不苟，体现的是一种精业敬业精神，是从业者敬畏自己的

---

① 亚力克·福奇. 工匠精神 缔造伟大传奇的重要力量[M]. 杭州：浙江人民出版社，2014.

② 肖群忠，刘永春. 工匠精神及其当代价值[J]. 湖南社会科学，2015（6）：6-10.

③ 刘志彪. 工匠精神、工匠制度和工匠文化[J]. 青年记者，2016（16）：9-10.

④ 史俊. 工匠、工匠精神、工匠文化[J]. 思想政治课研究，2016（4）：70-74，87.

职业、崇尚自己的产品、以崇高的责任感和使命感来高质量完成各项分内工作的基本精神姿态。追求极致，体现的是一种目标体验精神，是一种艺术化创造、自我价值实现、生命激情体验的自觉审美活动。其次，工匠精神是一种价值追求，是工匠们以质取胜的价值取向以及对自己所热爱的事业无比执着的职业追求。在工匠眼里，只有对质量的精益求精、对制造的一丝不苟，他们不断雕琢自己的产品，不断改善自己的工艺，用工作获得金钱，但绝不是为钱而工作，他们的工作就是他们一生的职业，就是他们人生态度的全部和志向追求之所在。最后，工匠精神是一种社会氛围。它不仅反映当下人们的实际生活境遇，同时还表达人们对以往实践活动历史的反思和对未来理想生活的期许，需要全社会形成一种良好的崇尚氛围。一是崇尚劳动，尊重生产一线劳动者的劳动；二是崇尚技能，要让技能人才有地位、有较高的收入、有发展的通道；三是崇尚创造，真正的工匠应该是富有强烈的创新和创造精神的；四是崇尚专注的理念，高品质的产品和高水准的服务，都是要靠时间来精心打磨的。

工匠精神无论从哪个角度去定义和理解，都是指在生产、制造和服务的每一个环节，以服务对象的实际需求出发，以满足被服务者的不断提升的需求为宗旨，注重劳动的每一个细节，对自己的劳动过程和劳动成果精雕细琢、精益求精、追求完美的生产经营理念，指那种不惜花费时间、精力，甚至自己的生命，孜孜不倦、无怨无悔，反复改进方法和措施，使产品和服务达到理想的程度，对产品质量严谨苛刻、永不停滞追求的行为。

工匠们致力于不断改善自己的作品，追求细节和极致，经过细致的改良，最终享受产品在自己手中升华的过程。其最终目标是创造行业中最好的、其他同行无法比拟的优秀产品。不管花费多少时间和心血，他们夜以继日地反复改进产品，以求达到无可挑剔，依靠自己的手艺赋予每一件产品生命，把每一次任务都当作生命中最重要的任务。真正可敬的工匠绝不会停止在专业领域中前进的脚步，他们谨慎缜密，无论是挑选材料、设计图纸还是制作过程，都在不断完善，力求做得更好。

三、 工匠文化的定义

工匠文化是在人们长期的生产生活实践中形成的，被人们普遍认可和遵循的尽职尽责、注重细节、追求完美的价值观，体现出精益求精、爱岗敬业、持续专注、守正创新的行为特征，深刻影响着社会生活的方方面面，在经济领域尤为明显。工匠文化由物质文化、制度文化、精神文化等构成，其核心和灵魂是工匠精神文化。古今中外，工匠精神都是推动时代进步的强大精神力量。工匠们内心笃定、恭敬谦逊，不好高骛远、不贪功求名。他们专注执着、精益求精，把一个个不可能变为可能，体现着一种追求卓越的大国工匠气度。

潘天波在《工匠文化的周边及其核心展开：一种分析框架》中指出，工匠文化被工匠个人通过手作创造出来，但它却服务于全人类，并发挥普世性的存在价值。特别是在生活、生产与消费中，工匠文化一直成为与人息息相关的生命文化，因为在人类的生命文化谱系中起到基础作用的是物质文化，作为物质文化的器具是生命生存必不可少的支配条件。①

曹志宏认为工匠文化是"人类社会历史上熟练劳动者所创造的物质财富和精神财富的总和"。刘志彪在论述工匠文化时指出，在制造和服务的各个方面，以客户为中心，细心细致，专注打造产品，追求完美和终极的生产经营理念，沉下心反复改进，严格要求，不断提高产品质量就是工匠文化。在郭峰民著的《工匠精神》一书中，作者在谈及何为工匠精神时说道，工匠精神与其说是一种精神，倒不如说它是一种文化，一种极致文化。

从精神和文化的关系来看，精神是文化的核心所在，文化是精神的载体及其不断丰富、发展的产物，精神是一种思维方式，文化是一种行为方式，精神需要在文化的土壤内成长，始终贯穿于文化，但反过来，又对文化的发展有很大的影响，表现为选择性与领导性。文化的发展具有不确定性，文化易于传播、融合，影响另一种文化或者受另一种文化影响，进而改变精神成长的土壤。同理，培育工匠精神需要有良好的文化土壤，才能生根发芽、茁壮成长，并传承下去，而工匠精神的打造和培育也能促进工匠文化的发展。打造和培育工匠精神的目的是形成工匠文化的自觉与自信，减少职业道德层面的浮躁功利、急于求成和循规蹈矩，终极目标是树立文化自信和弘扬中国精神。

虽然到目前为止，关于工匠文化还没有确切的定义，但是从学者们对工匠文化的理解中不难看出，工匠文化可以从三个层次来理解：①工匠文化体现为工作者在物质层面做出的劳动，对劳动产品的兴趣和执着。例如，导演张艺谋说，他最大的满足感不是拍出的电影赚了多少钱，而是自己的作品是否能被观众认可，是不是已经足够好、足够完美。这是工匠文化的第一层含义，也是工匠职业要求的本能展现。②工匠文化体现在匠人对个体生活的理解和塑造上。境由心生，如果你视工作为乐趣，人生是天堂；如果视工作为义务，人生是地狱。工匠们之所以能成为匠人，是因为他们把生活和工作视为一种享受，职业幸福感也由此提升。③匠人对社会和他人的贡献。这是社会层面的意义，也是工匠文化的核心和本质体现。如果每一个从业人员都能自觉遵循服务群众的要求，社会就会形成人人都是服务者、人人又都是服务对象的良好秩序与和谐状态。社会主义职业道德中最高层次的要求是奉献社会，要求从业人员在自己的

---

① 潘天波. 工匠文化的周边及其核心展开：一种分析框架[J]. 民族艺术，2017（1）：26-33.

工作岗位上兢兢业业地为社会和他人做贡献。爱岗敬业、诚实守信、办事公道、服务群众，都体现了奉献社会的精神，这也是当代工匠精神的最基本要求。

从现有的资料和学者们的研究来分析工匠文化，能够看出工匠文化有 3 个支撑点，具体如下：

1. 工匠文化是中华传统文化的一个分支　工匠文化是曾经被遗失和淡忘的精神财富，是具有丰富内涵和现实意义的非物质文化底蕴，与当前倡导的社会主义核心价值观的敬业精神具有方向的一致性。没有文化的工匠只能称得上匠人。匠人的成果往往是简单重复工作的劳动产品，是可以大批量生产的，例如复印件，虽然都是"形状内容基本一致"的，但是不能说那就是"复印文化"。工匠文化虽然也有相同的程式，有重复、机械的地方，但是在生产的过程中，其不仅体现个体独特的劳动，也融入了一定的自身思想，体现的是精细特色、专业特色、传承特色，甚至"独一无二、不可复制"的特色。

2. 工匠文化体现了工匠的责任、担当，甚至是一种高于生命价值的精神境界　从当前解决人民日益增长的美好生活需要和不平衡不充分的发展之间的矛盾，到实现国家富强、民族振兴和人民幸福的中国梦，再到实现共产主义，都离不开劳动。劳动就需要付出。从马克思关于劳动的论述中我们知道，"劳动本身具有审美价值"。我们要在劳动过程中体会发自内心的喜欢和快乐。

3. 工匠文化体现为审美的精神境界，工匠将技艺上升为艺术，不仅追求技艺的娴熟，更追求技艺的气质，这样，技艺才能成为艺术　林散之论书法时提到，书法跟人走，人俗字也俗。所以写字的人必须读书，要有书卷气，否则就是匠气。如何不俗？匠人单纯的熟练有时候很难上升为文化，只有用心体会，方能接近脱俗。例如通过阅读，总结体味，把写字变换为书法艺术，把刀削面变换为烹饪艺术，把教书变换为传播艺术，把说话变换为演讲艺术等。

第二节　工匠精神的具体内涵

我国传统文化中的工匠精神表现为徒弟对师傅或者手艺的尊重，是一种别出心裁的具有创新、创造性思维特质"尚巧"，是一种心无旁骛、进入"无待"境界的"心斋"。中国古代匠人淡名忘利、敬畏自然的精神，仍是当今整个社会需要传承和学习的。工匠讲求专注、精益，不放过任何一个微小的部分，执着地追求产品的品质，这是他们对自身以及自己所任职的岗位的基本要求，也是他们时刻提醒自己不能忘却的基本底线。在不同国家和不同时代，工匠精神所代表的内涵及侧重点也不尽相同。

北京大学经济学院党委书记、教授董志勇认为工匠精神可以概括为 4 个方面：精益求精、持之以恒、爱岗敬业、守正创新。全国总工会宣教部部长王晓峰认为工匠精神的内涵有 3 个关键词：一是敬业，就是对所从事的职业有一种敬畏之心，视职业为自己的生命。二是精业，就是精通自己所从事的职业，技艺精湛。我们熟知的大国工匠，个个都是身怀绝技的人，在行业细分领域做到国内第一乃至世界第一。三是奉献，就是对所从事的职业有一种担当精神和牺牲精神，耐得住寂寞、守得住清贫，不急功近利、不贪图名利。敬业反映的是职业精神，是前提；精业反映的是职业水准，是核心；奉献反映的是个人品德，是保障。可以说，新时期的工匠精神，是劳模精神、劳动精神的重要体现。工匠精神不仅涉及企业生产，而且涉及政府机关在内的各行各业。

中国航天科技集团公司一院 211 厂特级技师高凤林也从 3 个层次来理解工匠精神：一是思想层面，爱岗敬业、无私奉献；二是行为层面，开拓创新、持续专注；三是目标层面，精益求精、追求极致。工匠精神不能机械地理解为是手工劳动者应该具备的精神，它其实是以产品为牵引，培养专注精神，让人用心用脑、精益求精、追求卓越的效果或者目标。提倡工匠精神，不仅可以帮人们养成严谨、专注、重视技能的习惯，生产出更好的产品，还能作用于人本身，让个人在高度工业化和商业化的社会中找到自我认同。

中国航天科技集团公司直属工会李梅宇认为工匠精神是一种精神，也是一种品质、一种追求和一种氛围，具体应该包括以下几个精神：①爱岗敬业、无私奉献的孺子牛精神。大国工匠无一例外是干一行爱一行的爱岗乐岗者。②善于学习、勤于攻关的"金刚钻"精神。大国工匠都是爱学习、善学习的，是持续改善、勇于创新的推动者。③专心专注、精益求精的鲁班精神，是努力把品质从 99％提升到 99.99％的精神。④百折不挠、坚忍不拔的苦行僧精神。大国工匠都是不怕苦、不怕难，甘于寂寞、锲而不舍，永远在路上的修行者。⑤传承技术、传播技能的园丁精神。大国工匠都是率先示范、用劳模精神和精湛技能感召人、教育人的典范。⑥打造品牌、追求卓越的弄潮精神。大国工匠守规矩、重规则，也重细节，不投机取巧，是追求卓越的完美主义者。

郭峰民在《工匠精神》一书中用 3 个层面来定义工匠精神：第一是踏实、实事求是，就像瑞士钟表匠们那样，戴着眼镜、专心致志地忘我工作；第二是精益求精，就像《论语·学而》中子贡所说："《诗》云：'如切如磋，如琢如磨'，其斯之谓与？"第三是不断创新，就像日本老店龟甲万公司，一直做酱油，这样的企业看重的不是赚到了多少钱，而是手中的产品不断升华、不断成长。所以，工匠是匠人，也是创造师，他们通过用心、专注和坚持，实现了一个又一个梦想。

还有人从法、术、道 3 个方面来理解工匠精神，分别是 3 个角度（个体本能、技能技巧、大局观）、3 个层次（天赋、经验、本质）、3 重境界（见山是山、见山不是山、见山还是山）。这里的法指的是方法、办法，简单说就是工匠所具备的职业能力和高超技术。任何人处理问题和制作产品都会有自己的法，然而不同的法产生的结果是截然不同的。古语有言，"不学无术"，可见，"术"是可以通过后天的学习得到的，是工匠在实践过程中慢慢积累和总结的经验，是技巧的掌握。然而，不同的时代、不同的环境、不同的人即使采取同样的办法，效果也是不一样的，这其中所蕴含的灵活运用"法"的技巧就是"术"。古语有言，"技近乎道"，这里的道是指事物的本质，是客观的规律。匠人在无数次的失败和成功后，才能接近道，匠人也只有掌握规律、看穿本质，才能更好地运用技巧。对规律的了解越深入，技巧运用就越高明，越能彰显工匠精神。法、术、道的关系可以用职业技能、工作技巧、创新创造及其融会贯通、相互促进来形容。个人间竞争的胜负结果取决于天赋能力，小规模组织间的胜负取决于人员调度、运用能力，而大规模的国与国间的竞争，取决于有无创新与发展方向正确与否。法、术、道三者相互影响，也可能相互转化。匠人无数，但是能称为大国工匠者寥寥无几。如果个人真能秉持工匠精神，单位也能营造工匠文化，不仅可以提升自我价值与层次，也可以增强企业的竞争力，从而为个体创造出更优良的生存环境。

曹峰博士认为，要全面深刻理解工匠精神的内涵，应该从 3 个递进层次——自然、道德和审美入手，其最高境界是审美层次。自然层次是指耐心和专注的坚守精神，也是古人所说的"工欲善其事，必先利其器"的基本谋事与成事态度。这个层次和道德层次体现的是工匠精神的世俗性维度，践行的目的倾向于工匠的谋生性功用。审美层次是一种追求极致和超越功利的体验精神，这是工匠精神的超越性维度，其践行的目的倾向于工匠的脱俗性兴致与自我满足。

从道德层次来看，工匠精神本质上是一种敬业精神，是从业者敬畏自己的职业、以崇高的责任感和使命感来高质量完成各项分内具体工作的基本精神。所谓道德层次，则是在工匠把事情做好的基本要求之上的德行层次要求。工匠是社会各行各业的基础操作者，业务要做到精益求精，在长期专注于自己所从事的分内工作的同时，还应对自身承担的工作充满责任感和使命感，把公事当作私事来对待，既不敷衍了事，更不投机取巧，严格要求自己。这个层次是社会对任何一种职业、工作岗位或工种的基本道德期待，更是任何一个用人单位对员工的基本职业道德要求。只有以高度负责任的态度和脚踏实地的行动投入自己从事的工作，一丝不苟、精益求精，才可能克服工作中的懒散、拖拉、敷衍、倦怠、分心、大意、无聊等。

从审美层次来看，工匠精神是一种追求极致和超越事功的体验精神。所谓审美层次，是与自然层次和道德层次相比较而言的，后两者本质上是工匠精神的世俗性维度，它们的目的倾向于工匠的谋生性事功，与之相对，前者则是工匠精神的超越性维度，其目的倾向于工匠的脱俗性兴致与自我满足。对于工匠而言，自然层次和道德层次更多的是对其发挥正向的约束和规范作用，以防止工作走偏或误入歧途；审美层次则更多的是工匠对于工作的自觉投入、全情参与、自由创造，最终使工作自然走向极致、圆满。按照马克思的说法，工匠精神的审美层次就是工匠超越被规约的"劳动异化"，而根据"美的规律"来自由、自觉创造的高峰体验精神状态。换言之，它是工匠对工作的愉悦享受状态。因此，工作对于工匠而言已不是单纯谋生的活动，而是一种艺术化创造、自我价值实现、生命激情体验的自觉审美活动。

新时代工匠精神是现代工业及国民经济发展的需要，也是提升国民职业素质、推动精神文明的有力支撑，前提是厘清新时代工匠精神的具体内涵。从上述分析看，较难对工匠精神的内涵有一个具体而精准的总结，但也大概有了一定程度的共识：创新是工匠精神的内核，敬业是工匠精神的动力，执着是工匠精神的底色。具体来说，可以从以下几个角度概括：以尊师重教为起源的师道精神、以专注务实为基础的制造精神、以恪尽职守为核心的敬业精神、以精益求精为准则的创造精神、以知行合一为信条的实践精神、以革故鼎新为表现的创新精神、以矢志不渝为信仰的奋斗精神、以崇德向善为取向的奉献精神、以不忘初心为坚守的梦想精神、以天人合一为自觉的敬畏精神。

一、 以尊师重教为起源的师道精神

古代的工匠们由于特殊的工作、学习方式，养成了尊师的美德，从"一日为师，终身为父"的习语中便可以感受到师道尊严。在我国古代，传统的师徒制较多采用言传身教的方式，老师和徒弟通常是工作和生活都在一起，老师的一举一动间接影响着徒弟。"师者，所以传道授业解惑也"，杰出的工匠往往都带着一种"道技合一"的人生追求，"传道"在知识的传授方面是第一位的，徒弟心里有了"道"，便会有一种责任心和使命感，自然会自觉提升自己的技术水平，全心全意地从事自己的技术活动。此外，徒弟在学习、继承技艺的同时往往身兼延续和传承的责任，比如子承父业，便要求年轻的工匠们要立身立德，使技艺能够得到继承和发展。

国之强弱，在于文化，文化厚薄，在于教育，在于兴衰，在于传承。我国古代的艺徒制度具有悠久历史，师徒之间不只是技艺、知识的传授和延续，还包括从业准则、修身立德、职业素养的传承与发扬。子承父业也好，师徒相授也罢，均体现出心口相传、言传身教、耳濡目染式的教育模式，师徒之间共同生活、相互关照，共同劳动、取长补短，共同钻研、一起成长，尊师就是对技艺的尊重，重道体现的是对职业的敬仰，这是工匠成长的源头，也是技艺传承的纽带，更是工匠精神传承与发扬的基石。

尊师重教是中华民族的传统美德，从古至今，尊师重教的典范不胜枚举。理学家杨时，程门立雪尊师典范；儒商始祖子贡，尊师至诚孝道楷模；民族英雄岳飞，尊敬师长终身思慕；汉明帝刘庄，放下九尊之躯尊师；唐太宗李世民，教子尊师传为佳话；儒家学者魏昭，尊师重道终成大器；军事家张良，访贤求师终获真传……中华民族的师道精神不仅体现着民族智慧，彰显了民族文化，保留了祖先实践经验，传承了人类文明，也把工匠精神代代相传的基因延续至今。

韩愈《师说》阐述的师徒之间的关系，不仅适用于当时，到今天依然是工匠精神的最好诠释，文章末尾的"是故弟子不必不如师，师不必贤于弟子。闻道有先后，术业有专攻，如是而已"体现了师徒关系的三方面含义：一是"弟子不必不如师"，既然徒弟不一定不如师傅，那么学生就完全有可能超过师傅，所以，韩愈鼓励徒弟要立志发愤学习，不要存在自卑心理，要敢于超过师傅。一个徒弟如果在各方面始终被师傅的强势所压迫，他充其量只会是一个小匠，永远不会成为真正意义上的自己，更难成为出类拔萃的匠人。二是"师不必贤于弟子"，这是要求教师实事求是、客观公正，不要不懂装懂，不能满足于已有的知识和能力，要不断学习提高，师傅遇到无法解决的问题时，可以向徒弟请教，不能自以为是或者把错误的知识传授给徒弟。三是"闻道有先后，术业有专攻"，这是师徒关系的基础。师傅闻道在先，徒弟向师傅学习是必要的，但徒弟不能迷信或绝对服从师傅。韩愈道出了师徒关系的核心，既肯定了师傅在传道、授业、解惑方面的主导作用，又强调了徒弟的主动作用；既提倡乐为人师、勇为人师，又宣传了不耻下问、虚心拜人为师，论述了从师学习的必要性和原则，批判了当时社会上耻学于师的陋习，表现出非凡的勇气和斗争精神，也表现出作者不顾世俗、独抒己见的精神。韩愈在师徒关系方面的见解，不仅在当时有积极意义，而且是值得后人提倡和发扬的。

任时代更替，历史变换，师徒文化仍以它旺盛的生命力传承至今。文学家鲁迅，探望老师传为美谈；数学家华罗庚，修炼成名不忘师恩；一代伟人毛泽东，尊师重教树立榜样。

陶行知先生说："爱是一种伟大的力量，没有爱便没有教育。"实践证明，没有诚挚的爱，就没有成功的教育。热爱教育事业是对新时代教育工作者的基本职业要求，关心爱护学生是所有教师都应遵守的最基本的行为准则，是形成民主平等、和谐融洽的师生关系的前提，也是师道之本质要求。陶行知先生有一颗伟大的爱心，他爱教育事业、爱学生、爱国家、爱人民。他爱满天下，乐育英才，爱生胜子，惜才如命，把自己全部的爱倾注在全体学生身上。他凭着对人民教育事业伟大意义的深刻理解，认定"人生天地间，各自有禀赋，为一大事来，做一大事去"，而"教育事业就是大事业，有大快乐""教育乃是有效力之事业"是他对教育事业的理解。陶先生躬亲实践，把毕生的心血献给人民教育事业和民族民主革命事业，捧着一颗心来，不带半根草去，鞠躬尽瘁，死而后已。在《我的信念》一文第17条中，陶先生说："我们深信最崇高的精神是人生无价之宝，非金钱所能买得来，就不必靠金钱而振作，尤不可因钱少而推诿。"这道出了陶先生献身教育事业的真谛，这是近代尊师重教的工匠精神的典范，是新时代教育工作者应该必备的匠心。

一个民族的繁荣需要这种生生不息的伟大传承，一个企业的发展、一个团队的壮大更需要这种文化传承，工匠精神的弘扬需要尊师重教的沃土，工匠文化的厚植也离不开师道精神，大国工匠的培育需要师道传承，师徒之间这种德、勤、技、能的接力传承，源源不断地为国家、社会、企业输出优秀的匠才。

工匠精神就在这种尊师重教、立德立身的传统中得以继承发扬。中国历来就有"师徒如父子"的说法，工匠正是传承着老师的技艺，因此要对老师怀有感恩之心，敬重师长。师徒制是过去工匠学习技艺的主要途径。在中国传统中，职业生涯的起步便是拜师学艺，要先拜祖师，再拜师傅，献上厚礼，领受门规，以隆重庄严的仪式表示从业的虔诚以及对本行业的敬重，表明职业是神圣的。日后，在任何情况下，不得做出亵渎职业的事情，否则将会受到相应的惩罚。在现代，只有劳动才能换取生活资源，只有通过劳动，社会和民族才能不断进步。不管是研究重要的科学项目，还是做好一道饭菜，都是至关重要的，都是对社会的贡献。因此，对于职业，不但要心存感恩之心，还应当感到骄傲，我们不仅通过劳动获得财富，得到自身的发展，还应当愿意为事业的延续而做出贡献。

二、 以专注务实为基础的制造精神

工匠精神是推动社会前进的原动力，引领着无数人战胜苦难、不畏艰难、不懈创新、勤勉开拓。工匠精神是匠人在制造产品的劳动过程中倾注的身无旁物的专注和严谨细致的务实相结合的产物，没有专注和务实就没有工匠精神。然而，在当前数字化、网络化、信息化、智能化高速发展的时代，人们走着走着就忘了为何而出发，想要到什么地方去，这是信息碎片化时代的典型特征。

信息碎片化是指人们通过网络传媒了解阅读与以往相比数量更加巨大而内容趋向分散的信息，完整信息被各式各样的分类分解为信息片段，是信息爆炸的成因与显著体现。这样的氛围和环境严重干扰了人们的视线，分散了劳动者的注意力。

正如世界著名媒体文化研究者和批评家尼尔·波兹曼在《娱乐至死》中提出的，随着新媒介的发展，信息爆炸大大增加了人们分心的机会，人们能专注的时间在不断缩短。打开网站，本想下载学习资料，逛着逛着，页面却变成了购物网站；坐在桌前写报告，脑子中想的却是他（她）怎么还不回我微信。想要专注地做事和无法集中的注意力就好像两个死对头，来回拉扯。无法长时间地集中精神，缺少对某个领域深入持久的了解，似乎已经成了现代人的通病。人们每天接触到大量的信息，信息的海量化、多元化、碎片化纵容了人们不求甚解的习惯。在没有刻意训练的情况下，有限的脑容量是很难深度处理那么多"花样"信息的。

当代专注务实的典范当属袁隆平，他是首届国家"最高科学技术奖"得主、"杂交水稻之父"，2018 年 9 月 8 日获得"未来科学大奖"生命科学奖，2018 年 9 月 13 日当选为中国发明协会"会士"，是当代"神农"。袁隆平专注杂交水稻研究已经半个世纪了，他不畏艰难，甘于奉献，呕心沥血，苦苦追求，为解决中国人的吃饭问题做出了重大贡献。袁隆平的杰出成就不仅属于中国，而且影响世界。

袁隆平可谓当代巨匠，是一位真正的耕耘者。当他还是一个乡村教师的时候，已经具有颠覆世界权威的胆识；当他名满天下的时候，却仍然只专注于田畴。淡泊名利，一介农夫，播撒智慧，收获富足。他毕生的梦想就是让所有人远离饥饿，他用专注务实的制造、创造精神诠释着工匠精神。他热爱祖国、一心为民、造福人类的崇高品德，与中国共产党肝胆相照、同心同德的思想风范，与时俱进、勇攀高峰的创新精神，不畏艰险、执着追求的坚强意志，严于律己、淡泊名利的高尚情操，值得当代中国人学习，更是 21 世纪呼唤的时代精神。

人们常常认为制造是严格按照技术要求和生产标准生产某些技术产品的过程，甚至认为制造就是不断借鉴和仿照。但是，对于工匠来说，制造物品的过程与标准化过程中的大型机器制造是有很大区别的，制造意味着重新制定其技术目的。工匠们主要依靠他们的技能制造工艺品，使产品符合近乎苛刻的技术标准和审美标准，达到每件产品的完美极致，而不在意付出多少劳动力成本。在工作上专注细节、务实肯干、严谨求实、追求精准和极致，对自己的工作内容有着客观精确的认识和细致周全的考虑，对自己的工作怀有敬重之心，反复思量，用心做事。工匠在认真打造自己的产品时，特别是在制造精致的珍品时，是精神高度集中且心无旁骛的，展现出一种全身心投入的工作状态。尽最大努力把事情做好，把产品的优质率从99%提高到99.99%。为了实现这样的目标，他们不懈努力，兢兢业业，不辞辛劳地钻研业务，克服一个又一个难题，掌握一流的专业技能和技术。

比如大国工匠、飞机制造高级技师胡双钱师傅，在他35年来加工的不计其数的航空部件中，从未出现过任何问题，他也由此被人们称为"航空手艺人"。在他所加工的各种零件中，最大的差不多5米，最小的比回形针还小。在一次加工某定位圈时，零件直孔的直径过小，且孔的深度较长，孔径的公差要求很高。通常，孔的内径经过处理后，就不能进行打表计量了，也没有专用的计量器。胡双钱反复思考，找到了一种方法来测量内壁的大小，即用辅助测量用的块规和标准圆柱销，一次一个地进行打表计量，直到图纸满足加工要求。最终，他圆满地完成了任务。这说明，用专注的精神和坚持的毅力来研制产品，才能够突破自我，也只有做到了这些，工匠才能专心致志地制造出一件又一件的精美器物。

工匠精神是精于工、匠于心、品于行。在加快制造强国建设的过程中，要将专注务实为基础的制造精神重新唤醒，把精益求精、不懈创新、笃实专注的工匠精神融入现代工业生产与管理实践，夯实基础，补齐短板，加快形成中国制造新优势，打造中国制造新名片。当前正值我国经济转型升级的关键时期，深入实施"中国制造2025"、加快推进制造强国建设，是我国工业未来一个时期重要的战略任务。我国制造业正处在提质增效的关键时期，培育大国工匠，弘扬工匠精神，不仅是传承优秀文化和价值观，更是破解制造业转型发展难题、推动产业迈向中高端的务实举措。

三、 以一丝不苟为核心的敬业精神

中国古代就有仁义济世、敬业乐群的良好品德。《说文》有言："不懈于心为敬；必尽心任事始能不懈于位。"其中，"不懈于心"即敬业。古代的敬业者不计其数，这里略举一二。为了治水，大禹曾三过家门而不入。第一次经过家门时，听到他的妻子因分娩而呻吟，还有婴儿的哭声，助手劝他进去看看，他怕耽误治水，没有进去；第二次经过家门时，他的儿子正在妻子的怀中向他招着手，这正是工程紧张的时候，他只是挥手打了个招呼，就走了；第三次经过家门时，儿子已长到10多岁了，跑过来使劲把他往家里拉，大禹深情地抚摸着儿子的头，告诉他，水未治平，没空回家，又匆忙离开，没进家门。虽然大禹三过家门而不入只是一个传说，但大禹这种爱岗敬业的精神至今仍为人们所传颂。早在春秋战国的时候，孔子及其弟子就主张人的一生要在事业上专攻和坚守，正所谓"鞠躬尽瘁，死而后已"。荀子也一再强调"百事之成也，必在敬之；其败也，必在慢之"。这要求我们欲成事则需敬之。由此不难看出，古代先贤都认为敬业是从业者最重要的基本素质。而具有工匠精神的工作状态是踏实坚守、全情投入、精益求精、突破创新，这正是敬业精神的精髓所在。在实践中也可以发现，无论是科学发现、技术进步，还是理论的创新、文艺的创作和教育的发展，敬业精神都是其成功的关键因素。

从中央电视台热播的纪录片《大国工匠·匠心筑梦》可以看出，敬业奉献是大国工匠们的共同点，他们中有的是出于小时候的爱好，有的则是由于某种原因与所从事的职业结缘。敬业精神是每一个从业者事业成功的原动力和基本条件，是一种高尚的道德情操和个人品质，也是从业者做好工作的重要前提和可靠保障。每一名工作者都应该做到"事思敬""执事敬""修己以敬"，都应该"不懈于心""不懈于位"。

战略科学家、地球物理学家黄大年教授是当代敬业精神的典范。2009年，黄大年怀揣着"振兴中华，乃我辈之责"的豪情壮志，放弃了英国优厚的待遇，回到祖国的怀抱。他爱岗敬业、无私奉献、忘我工作，以家国为念，为民族燃灯，带领团队在航空地球物理领域取得了一系列成就。2017年1月8日，年仅58岁的黄大年因病在长春去世，永远地离开了他热爱的祖国，离开了他倾注无数心血的教育科研事业，离开了他筑梦拓新的地质宫，把生命中最璀璨、最绚丽的部分毫无保留地贡献给了国家。习近平总书记对黄大年教授的评价是，黄大年同志秉持科技报国理想，把为祖国富强、民族振兴、人民幸福贡献力量作为毕生追求，为我国教育科研事业做出了突出贡献。他的先进事迹感人肺腑，是心怀祖国、爱岗敬业的时代楷模，值得每一位从业者学习践行和弘扬。

匠人们热爱自己的岗位，有着敬业精神和强烈的职业责任感，把从事的工作当作自己的灵魂和生命，在自己的岗位上发光发热，无怨无悔。无论是能把糖人吹得惟妙惟肖的王天军师傅，还是将骏马画得栩栩如生的徐悲鸿大师，都有着这样一种信念。敬业是造就工匠精神的重要因素，心怀敬业精神便能做到在工作中享受生活。在不断切磋琢磨的韧劲背后，是勤勤恳恳、尽职尽责的事业心，专注踏实、一丝不苟的工作态度，淡泊名利、从容自若的职业品质。

四、 以精益求精为表现的创造精神

工匠的创造水平不仅是衡量和确定工匠能力的先决条件，也是工匠智慧和灵感的重要表现，是工匠精神的灵魂。工匠的创造力更多地表现为渐进性的积聚，卓越的工匠精神主要归功于工匠们长期的技术实践积累和对技术技能的理性思考，对前人的发明制品或技艺进行改良式的创新。吐故纳新就是工匠精益求精的创造精神的表现。

举世瞩目的港珠澳大桥是中国境内一座连接香港、珠海和澳门的桥隧工程，于 2009 年 12 月 15 日开始动工建设，2018 年 10 月 24 日正式通车，大桥东接香港，西接珠海、澳门。全程 55 千米的港珠澳大桥是世界上最长的跨海大桥，也是中国交通史上技术最复杂、建设要求及标准最高的工程之一，被英国《卫报》誉为"新世界七大奇迹"之一。港珠澳大桥工程规模大、工期短、技术新、经验少，工序多、专业广，要求高、难点多，在道路设计、使用年限以及防撞防震、抗洪抗风等方面均有超高标准。截至 2018 年 10 月，港珠澳大桥是世界上里程最长、寿命最长、钢结构最大、施工难度最大、沉管隧道最长、技术含量最高、科学专利和投资金额最多的跨海大桥，大桥工程的技术及设备规模创造了多项世界纪录。

林鸣于 2005 年起参与港珠澳大桥的前期筹备工作，2012 年 12 月，担任港珠澳大桥岛隧工程项目总工程师。他曾先后向韩国、荷兰等国外企业寻求合作，但最终都因要价过高而放弃。面对这样的现实，他决定自主研发攻关，终于用中国人的技术、中国的工匠、中国的智慧验证了中国创造的可能。新时代中国的大国工匠们用这份优秀的作品向世人证明：别人能做到的，我们也可以做到，甚至可以做得更好！林鸣面对失败总是不灰心，对成功充满渴望，对于工作向来都是完美主义者。责任与担当，是林鸣作为完美主义者之外，推动他全心全意攻坚克难、为祖国的桥梁事业奉献所有的根本动力。

持续实践、反复打磨、多年积累，耐得住寂寞、挺得住痛苦、忍得住孤独、挡得住诱惑、担得起责任、提得起脊梁，这才是新时代的大国工匠。像林鸣一样的巨匠们，需要抵制外界的干扰，集中精力做事，勤勤恳恳工作，始终严格遵守工作规范和质量标准，细致、求实，绝不允许任何操作缺陷发生，竭尽全力做到最好。"要用绣花一样的功夫，造百年坚固、百年不落后的大桥"。总工程师林鸣自始至终用这句话要求参与大桥建设的每一个人。每项任务都以标准化的方式完成，小到一支钢笔、大到一架飞机，每一个零件、每一道工序、每一次组装，对产品和工序质量的追求，永远都不满足。工匠们秉承着"没有最好，只有更好"的理念，对产品的质量不以合格为目标，而是追求高品质，有着长远的眼光，力求在行业内得到最好的声誉。他们不在乎付出多少努力和汗水，他们只关心能否创造出最好的产品。

俗话说，"干一行爱一行"，之所以工匠们可以用一生的时间来诠释一项工作，是因为对他们来说，自己动手制造一件物品具有前所未有的吸引力，他们将自己的工作视为无比神圣的事业，这是杰出工匠最可贵的内生力量，也是工匠们用自己的精神文化促进社会不断发展进步的重要动力。追求完美的工匠对自己作品质量的追求永不停歇，以负责的态度和规范的标准完成每一道工序。在这种精神支持下，工匠们愿意为事业的发展贡献他们的毕生精力。

五、 以知行合一为指南的实践精神

马克思主义实践观认为，实践是人类能动地改造世界的社会性的物质活动，是人类生存和发展最基本的活动，是人类社会生活的本质，是人的认识产生和发展的基础，也是真理与价值统一的基础。实践是人与世界关系的中介，是自在世界向人类世界转化的基础。人们认识一定事物的过程，是一个从实践到认识，再从认识到实践的过程。由此可见，实践是人的存在方式，也是打造大国工匠的必由之路。

知行合一是一种科学的实践理论，是中国古代哲学中认识论和实践论的命题，主要是关于道德修养、道德实践方面的思想，最早由明朝思想家王守仁提出。知行合一是指客体顺应主体，知是指良知，行是指人的实践，知与行的合一，既不是以知来吞并行，认为知便是行，也不是以行来吞并知，认为行便是知，强调认识事物的道理与在现实中运用此道理，是密不可分的。中国古代哲学家认为，不仅要认识（知），尤其应当实践（行），只有把知和行统一起来，才能称得上善。

古人的"致良知，知行合一"在当下也具有现实意义。毛泽东同志说过："真理只有一个，而究竟谁发现了真理，不依靠主观的夸张，而依靠客观的实践。只有千百万人民的革命实践，才是检验真理的尺度。"邓小平的名言是"摸着石头过河"。"石头"是什么，就是实践。工匠精神是无数匠人在通过理论学习（自己摸索或师傅传授）掌握了一门技术、手艺的前提下，在长期的劳动实践中形成的一种职业精神，体现了匠人们的职业道德、职业能力和职业品质，体现了匠人的职业价值取向，也包括匠人在实践过程中的行为表现，如敬业、精益、专注、创新等。可见，以知行合一为指南的实践精神是工匠精神的重要组成部分。

工匠的技术实践活动可以从知、行两个方面来进行论述。其中，"知"是指人们在书本中所学到的各种概念和理论；"行"则指人们的实践活动。古人云，纸上得来终觉浅，绝知此事要躬行。说明学习知识和付诸行动要相辅相成。很早以前，学徒们就知道除了研读课本和学习老师使用各种工具的关键技巧之外，还应当从自身出发，多实践、多练习，不断加深理解老师所传授的心得，并长年累月地坚持。在"行"的方面，工匠们不仅要反复对比和总结自己的经验，以不断进步，还应对自己头脑中的想法进行大胆实践，超越前人的发明创造。工匠精神是一种责任与付出，只有默默无闻地坚守、淡泊名利地奉献、求真务实地苦干，才能结出创新、发明的硕果。

工匠制作物品的实践源于内心的热爱，追寻制作器物本身的善与美。为了给世人呈现一个极致的作品，工匠可以从本我、真我到超我、忘我、无我的境界，这都体现了匠人在制作器物时所追求的个人价值观和社会责任感。可以说，匠人不仅是为了生存去制作物品，而是为了追求事物的完美与极致，在自由和自律中达到个人价值和社会价值的平衡。工匠精神体现了人与人之间的一种无形契约，为了追求完美的制作过程，他们会努力控制每个生产环节的质量，通过追寻善与美的目标和对所创作物品的热爱来保证每一个环节的品质，最终形成了内在的高标准和外在的名品牌。

忠诚执着、传播真理的翻译家宋书声就是实践精神的代表。他一生只做一件事，目标是做好这件事。他先后任大连《实话报》翻译，中共中央宣传部斯大林全集翻译室组长，中共中央马恩列斯著作编译局翻译室主任、副局长、局长、译审，中国翻译工作者协会第一、二届副会长，是中国翻译工作者协会主要创建者之一，也是中共十二大、十三大代表。他参加了《马克思恩格斯全集》《列宁全集》《斯大林全集》的翻译、审稿工作，主持编辑了《马克思恩格斯选集》，一生都在从事马克思主义经典著作的翻译研究。习近平总书记在纪念马克思诞辰 200 周年时指出，推动马克思主义不断发展是中国共产党人的神圣职责。宋书声用一辈子的时间来践行自己的理想和信仰，是新时代工匠精神的又一楷模。

从古至今，能被称得上匠人的，都是在习得知识要领后又经过多年反复的实践磨炼才得到纯熟的技艺。没有辛酸的"台下十年功"，即使头脑中有无数想法和道理，也不过是纸上谈兵。此外，工匠们仍然需要将他们的创作和理念与他人的作品进行比较，总结经验，加以改进，并推出新的作品，以奉行知识和行动的统一，提高个人技能。这种知行合一的理念能使他们潜心创造出更优秀的作品。

六、 以革故鼎新为主导的创新精神

工匠精神是一种态度、一种信仰、一种坚持，也是一种创新。创新是工匠精神的高级目标，是工匠价值的最好体现。没有创新，工匠的劳动就是不断重复，就是墨守成规、故步自封，最终会被社会淘汰出局。从现有的论述中看，创新就是破除与客观事物进程不相符的旧观念、旧理论、旧模式、旧做法，在继承历史发展成果的基础上，发现和运用事物的新联系、新属性、新规律，更有效地进行认识世界和改造世界的活动。创新是理论发展的永恒主题，也是社会发展、实践深化、历史前进的必然要求。

创新精神指以通过现有的思维模式提出有别于常规或常人思路的见解为导向，利用现有的知识和物质，在特定的环境中，本着理想化需要或为满足社会需求，而改进或创造新的事物、方法、元素、路径、环境，并能获得一定有益效果的行为。从创新的概念来分析，创新是多方面的，不仅是工匠在劳动中创作的产品、用品、物资等看得见、摸得着的东西，还包括工匠的劳动方法、技术、思想等精神层面的内容。

社会发展的动力是创新，创新的动力来自批判思维。批判是人类思维高度发展的体现，反映了思维的自觉性与能动性。所谓批判，其实就是站在一个更高的层面上，对历史或现实做甄别和审视，对人、事或物进行分析和解剖，以期发现问题和解决问题。其最终目的是更好地发展，着眼点是广阔的未来。在人类的发展历程中，无论是知识与真理的探索更新，还是科学技术的演进和社会文明的发展，都离不开每个时代的工匠们的反思与批评。批判精神是人类文明进步的重要标志之一。人类有了批判精神，就仿佛拥有了普罗米修斯盗来的生命之火。正是这把熊熊燃起的火，有力地推动着人类社会的不断进步。所以，没有批判精神的人类与木偶无异，没有批判精神的社会是羊群的聚居地，没有批判精神的民族注定要落后挨打，没有批判精神的工匠不是完整意义上的工匠。

腾讯创始人马化腾就是我国优秀的创新企业家代表。1998 年 11 月，马化腾等在深圳创办了深圳市腾讯计算机系统有限公司。公司发展迅速，业务领域越来越大，逐步推出了社交和通信服务、社交网络平台 QQ 空间、腾讯游戏平台、门户网站腾讯网、腾讯新闻客户端和网络视频服务腾讯视频等。发展到 2011 年，腾讯已经成为中国最大的互联网综合服务提供商之一，也是中国服务用户最多的互联网企业之一。但是公司没有驻足，结合市场需求和人们的生活沟通特点，腾讯于 2011 年 1 月 21 日推出了一个为智能终端提供即时通信服务的免费应用程序——微信，到 2020 年 1 月，微信用户量已经突破 11 亿人。为了方便企业和客户，马化腾团队还创新性地开发了手机终端支付模式，给商品交易带了极大的方便。联合国报告显示，2016 年，微信、支付宝支付总额达 3 万亿美元，其中微信支付总额为 1.2 万亿美元。2020 年，全球最具价值 500 大品牌榜发布，微信排名第 19 位。

创新不仅是提升中国制造核心竞争力的引擎和中国制造迈向中高端的关键，也是工匠精神的重要内涵和高级目标。工匠精神奉行"劳动者就是创造者"的理念，通过工匠们的不断创新与革新，推动相关领域的技术进步和产业发展。没有工匠们的创新，就不会有中国的四大发明，也不会有万里长城、秦始皇兵马俑、敦煌莫高窟和故宫等神话般的创造。但创新不是一蹴而就的，需要环境、需要文化，也需要长期、持续的投入。弘扬工匠精神，就是要增强创新意识、营造创新环境、打造创新文化、加强创新投入、培养创新人才、实现创新发展、完成国家创新战略，以人民对美好生活的实际需求为中心，加速技术创新、产品创新、管理创新和模式创新，以工匠精神的创新创造劳动，为实现国家的创新发展和伟大复兴的中国梦保驾护航。

2020 年 7 月，习近平总书记在企业家座谈会上指出，创新是引领发展的第一动力，"大疫当前，百业艰难，但危中有机，唯创新者胜。企业家要做创新发展的探索者、组织者、引领者"，不仅企业家需要具备创新精神，在企业工作的劳动者（工匠）也需要创新精神，因为创新是工匠实现自身价值、奉献社会的最终体现。

七、 以矢志不渝为追求的奋斗精神

古典政治经济学认为，劳动是财富之父，奋斗是幸福之母。奋斗在字典中的解释是"为了达到一定目的而努力干"；在《现代汉语词典》中的解释为"为了达到目的克服困难或防止邪恶而做的极度的努力或尽力"。从字典解释来理解，奋斗就是为了达到一定的目的而努力实践，即奋争苦斗，是一种永不懈怠、决不放弃的毅力，更是奋发图强、斗志昂扬的精神。奋斗是着眼于开拓、进取的实际行动，是一种超前思维，更是一种坚持精神。[①] 冰冻三尺非一日之寒，滴水石穿非一日之功。工匠是人的目标与实践的紧密结合，是时间的沉淀和经验的积累，更是奋斗与汗水、勤劳与智慧的结晶。一个没有艰苦奋斗精神作支撑的民族，是难以自立自强的；一个没有艰苦奋斗精神作支撑的工匠，是徒有虚名的。奋斗精神之所以是工匠精神的重要组成部分，在于越是面对困难和矛盾，越能激发出意想不到的力量。工匠的奋斗精神基本上可以概括为不怕牺牲、前赴后继、敢于压倒一切困难的精神气概；不怕困难、百折不挠、愈挫愈勇的斗争意志；立志高远、积极进取、求新求变的创新意识；坚韧不拔、忍辱负重、甘为人梯的奉献精神。

天下艰难际，奋斗出匠人。无论是国家的繁荣昌盛还是个人的成才成功，都离不开永续奋斗。奋斗，深深融入中华民族的血液，融入工匠锲而不舍的追求，奋斗精神是中华民族的宝贵财富，也是打造工匠的精神力量。中华 5000 年的璀璨文化是中国人民的智慧结晶，更是无数工匠们的奋斗使然。习近平总书记指出，我们的国家，我们的民族，从积贫积弱一步一步走到今天的发展繁荣，靠的就是一代又一代人的顽强拼搏，靠的就是中华民族自强不息的奋斗精

---

① 赵惠锁．思想政治课教学[J]．思想政治课教学，2013（6）：7-8.

神。40 年改革不息，70 年长歌未央，5000 年扬鞭奋蹄，从开启新纪元到跨入新时期，从站上新起点到进入新时代，中华民族和中国人民始终奋斗不息，这也饱含了无数工匠锲而不舍的坚持和矢志不渝的奋斗。成为出类拔萃的工匠要经过无数次心理的煎熬、长时间孤独寂寞的洗礼、一次又一次挫折失败后的反省，更要经过时间的打磨和岁月的雕琢。

美国的两部畅销书，丹尼尔·科伊尔的《一万小时天才理论》与马尔科姆·格拉德韦尔的《异类》的核心观点都突出强调了一万小时定律（ten thousand hours theory）。人们眼中的天才之所以卓越非凡，并非天资超人一等，而是付出了持续不断的努力。一万小时的锤炼是任何人从平凡变成世界级大师的必要条件。工匠的诞生也不例外，任何人要想成为某个领域的专家，都需要付出一万小时的努力，这就是一万小时定律。这个理论适用于所有学科、所有领域，只有量的积累达到一定程度，才会有质的飞跃，也就是说，不管做什么事情，如果能够坚持一万小时以上，就有可能成为该领域的专家。

早在 20 世纪 90 年代，诺贝尔经济学奖获得者、科学家赫伯特·西蒙就和埃里克森一起建立了"十年法则"。他们指出，要在任何领域成为大师，一般需要约十年的艰苦努力。这不难让人联想到中国的古话"十年磨一剑"，两者其实是同样的道理。人们都羡慕那些成就非凡的能工巧匠，其实他们大多数也是平常人，之所以能脱颖而出，就是因为他们有超人的耐心、毅力和奋斗精神，肯在一件事、一个作品或某一领域花一万个小时甚至更多的时间来训练和学习积累。无数事实证明，一个人只要心智正常，有一万个小时的苦练打底，即使成不了大师、巨匠，至少也能成为本行业经验丰富的专家，一个对社会有用的人。

《易经》所讲的"天行健，君子以自强不息""地势坤，君子以厚德载物"是历代匠人们奋斗精神最生动的体现。"自强不息、厚德载物"是亘古及今匠人们奋斗精神的基因底色，体现着中华民族的历史行动与美德涵养之间相互促进的统一性。芳林新叶催陈叶，流水前波让后波。沉淀在中华民族血脉和灵魂中百折不挠的奋斗精神，不仅是推动中国革命、建设、改革事业不断前进的强大精神动力，也是打造千万匠人的力量源泉。习近平总书记的"奋斗幸福观"告诉每个华夏子孙：我们在参与创造伟大时代的同时，也在创造自己的美好生活和美好人生。在新时代，工匠们必须永远保持奋斗精神，以永不懈怠的精神状态和一往无前的奋斗姿态，继续把事业向前推进，继续为实现社会主义现代化国家的奋斗目标和中华民族伟大复兴的中国梦矢志奋斗。

浩渺行无极，扬帆但信风。饱含奋斗精神的工匠典范不胜枚举。师延财，"90 后"高级焊工，享受国务院政府特殊津贴。从青葱少年到而立之年，他用了 12 年的时间成长为中核检修有限公司青年焊工的杰出代表。师延财用最好的年华捍卫国家核电运行的安全，用匠心守护着初心，用奋斗书写人生，先后获中央企业技术能手、中央企业青年岗位能手、中核集团技术能手等荣誉。他把"艰苦奋斗 勇于登攀"作为自己的座右铭，坚守在平凡的核电焊接岗位上，脏活累活抢着干，苦事难事争着做，毫无怨言。凭借扎实的技能和一股"钻劲儿"，他在焊接工作中先后发明了接管座充氩工装等国家实用新型专利和焊接防止变形工装、迷你氩弧把头改装、防异物充氩工装等多项专用工机具。从核岛安装到核电检修，福清核电的每一个角落都留下了他忙碌的身影，他用无悔的焊花情和拼搏的工匠心，践行"四个一切"核工业精神，为核电机组安全稳定运行保驾护航，这就是匠人的奋斗精神。

八、 以崇德向善为取向的奉献精神

在《思想道德修养与法律基础》教材中，把爱岗敬业、诚实守信、办事公道、服务群众和奉献社会作为职业生活的基本道德规范。其中，奉献社会就是要求从业人员在自己的工作岗位上兢兢业业地为社会和他人做贡献。这是社会主义职业道德中最高层次的要求，体现了社会主义职业道德的最高目标指向。爱岗敬业、诚实守信、办事公道、服务群众，都体现了奉献社会的精神。工匠精神也是一种职业道德的表现，所以，奉献精神也是工匠的职业要求和本质体现。

奉献精神传递社会温暖，能够拉近人与人之间的距离，建立和谐的人际关系和稳定的社会秩序，促进社会健康的有序发展。热心公益与爱心资助、心中有爱是奉献精神；在危难关头挺身而出、牺牲小我是奉献精神；以职业与事业为人生目标的爱岗敬业是奉献精神；以服务国家科学技术创新进步或捍卫国家安全为己任是奉献精神。德厚者流光，工匠们只有在奉献社会中积极发光发热，才能发扬工匠精神，使社会更加美好。

价值是指在实践基础上形成的主体和客体之间的意义关系，是客体对个人、群体乃至整个社会所做的贡献。人生价值是指人的生命及其实践活动对于社会和个人的作用和意义。人生价值包含了人生的自我价值和社会价值两个方面。人生的社会价值是个体的实践活动对社会、他人的价值。工匠作为一名社会劳动者，其价值的体现不只是生产了产品，更在于其为社会和他人做出了怎样的贡献。

九、 以不忘初心为坚守的梦想精神

中华文明 5000 年，我们的祖先用自己的勤劳和智慧创造了光辉灿烂的文化，为世人留下了宝贵的财富，为世界文明做出了卓越贡献。这些骄人的成绩饱含历代匠人的心血与汗水、责任与使命、坚守与梦想，一部中华文明史凝聚了每个朝代工匠们寻梦、释梦、追梦、圆梦的过程。从盘古开天、女娲补天、伏羲画卦、神农尝草、夸父逐日、精卫填海、愚公移山等古代神话中就能体会到我们祖先最初的梦想。梦有多大，舞台就有多大，舞台有多大，收获就有多大。有人说，当人类开始仰望星空的时候，梦想就开始了。中国人民早就把目光投向星空、投向远方，不仅始终心怀梦想，更不懈追求梦想。习近平总书记曾指出，中国人民是具有伟大创造精神的人民，中国人民是具有伟大奋斗精神的人民，中国人民是具有伟大团结精神的人民，中国人民是具有伟大梦想精神的人民。梦想精神是指一个国家、一个民族、一个社会、一个人为了实现伟大的奋斗目标而具有的积极向上、百折不挠、迎难而上的精神状态和不达目标誓不罢休的坚定信念。伟大梦想精神不仅体现在工匠身上，它早已深深融入14亿中国人民的血脉中，根植于中国优秀传统文化的深厚土壤中，烙印于中华民族优秀文化基因中，铭刻在中华民族伟大复兴的历史进程中，成为当代中国亿万人民最鲜明的精神标志。

伟大梦想的背后是伟大情怀。梦想不是空想，也不是幻想，总要与一定的历史条件、客观现实相联系。历史的车轮滚滚向前，时代的潮流浩浩荡荡。历史只会眷顾坚定者、奋进者、搏击者，而不会等待犹豫者、懈怠者、畏难者，我们已经昂首阔步地走进了中国特色社会主义新时代，这是我国发展新的历史方位，时代匠人心怀梦想、不辱使命、砥砺奋进，创造了一项又一项骄人成绩。2017年5月，来自"一带一路"沿线的20国青年评选出了在中国推广应用较为领先、对国外影响较大的"新四大发明"：高铁、扫码支付、共享单车和网购。近年来，"嫦娥"奔月、"悟空"飞天、"蛟龙"下海，每一件国之重器的背后，都有匠人的身影。2020年6月23日，北斗三号最后一颗全球组网卫星在西昌卫星发射中心点火升空，标志着中国北斗卫星导航系统又向全球组网完成迈出重要一步，这是中国在科研领域取得的开拓性进展，具有划时代的意义，将进一步推动全球创新发展。新时代的匠人们将是实现中华民族伟大复兴的先锋力量，他们会坚守初心、砥砺奋进、筑梦前行。

工匠筑梦的例子数不胜数。周东红，1967年生，初中学历，安徽泾县人，中国宣纸股份有限公司捞纸工。18岁那年，因好奇宣纸"纸寿千年、墨韵万变"的奥妙，他产生了"学造纸技艺、传承古法制纸"的想法。但其家人都极力反对，主要因为宣纸行业太苦，怕他坚持不下来。而周东红以一句"学不成，我不回来见你们"回应，然后一头扎进了宣纸捞纸这一行。他从1986年开始从事捞纸工作，至今仍在坚守。起初，他偷偷摸摸地学、没日没夜地练，吃了不少苦。但他并没因此动摇自己的选择，依然不变初心，追求传承宣纸手工艺的梦想。为此,他自加压力,奔向造纸工匠们的"朝圣"之所,苦练本领,提高技艺。他每天至少在纸槽边站立 12 小时以上。凭借坚韧的毅力,他练就了一身扎实的基本功,捞的宣纸每 100 张的质量误差仅为 2 克左右,厚度均匀,始终保持成品率 100%、产品对路率 97% 的突出记录,分别超国家标准 8 个百分点和 5 个百分点。凭着这种倔强执着,30 多年来,周东红捞的近千万张纸没有一张不合格。他还多次参加寻找捞纸帘床材料、捞纸机械划槽、纸药桶替换等技术革新和宣纸邮票纸试制生产,赋予了传承千年的宣纸技艺新的时代价值。他先后荣获"首届大国工匠""全国劳动模范""全国最美职工""中国好人""2016 年度心动安徽·最美人物"等称号。

中华民族是勇于追梦的民族,大国工匠具有伟大梦想精神。伟大梦想精神是中华民族世世代代延续不断的民族灵魂,伟大的中华民族铸就伟大的梦想精神,伟大梦想精神深深根植于中华优秀传统文化的土壤中,熔铸于中华民族血脉的优秀文化基因中。伟大的梦想精神是当代中国精神的集中体现,更是时代匠人最鲜明的精神标志,其在中华民族伟大复兴的征途中提供了不竭动力,将为中华民族优秀传统文化的传承增添时代特质。

十、 以天人合一为自觉的敬畏精神

工匠精神作为一种价值观,是一种复杂的文化形态,是理念文化的内核部分。作为一种深层次的文化形态,体现了工匠对工程真、善、美的内在价值追求,是人的价值活动的主体客体化。其价值在于利于人,同时利于物,无害于他物的生存发展。满怀虔诚和敬畏之心从事工程技艺劳作,追求技艺之巧,以实用为根本,不断琢磨,内化到技能中,专注工程而达极致,充分展现了工匠的朴素的实践智慧。[①]

随着生产力的发展和科学技术的进步,工匠精神的内涵也在变化发展,其发展历程主要经历了三个阶段:古代工匠精神、近代工匠精神与现代工匠精神。[②] 古代工匠更加看重这种精益求精的精神在后代中的传承与发扬,所以,精工与传承为古代工匠精神的主要特质。在对传统工匠精神的传承和发展下,近代工匠精神增添了分工协作与创新内涵,所以,协作与创新是近代工匠精神的主要特征。在对古代精工与传承、近代协作与创新等工匠精神的继承发展下,敬畏精神成为现代工匠精神更为重要的指标,即敬畏手作、敬畏职业、敬

① 李映红,黄明理. 论真、善、美的河流工程及其工匠精神[J].南京社会科学,2019(9):48-53.
② 万长松,孙启鸣. 论新时代中国特色工匠精神及其哲学基础[J].东北大学学报(社会科学版),2019(5):456-461.

畏自然、敬畏生命。

"天人合一"几乎是各家学说都认同和主张的精神追求，是中国哲学最为重要的思想之一，也是工匠的一种职业自觉，其内涵是促进人类社会与自然世界之间的协调统一。这里的"天"，可以理解为世界万物、自然规律。在中国传统文化里，人们对"天"有着敬畏之心、反观之心，人与天不是对立割裂的，而是相生相应的，所以，人与天之间才有了对照之心、合一之心。这与"道法自然"一脉相承：效法自然，即是天道；效法天道，即是人道；天之道，是万物运行的规则；人之道，是人类社会的规律；人道对应了天道，就符合了发展大道。

人与自然、人与社会的辩证关系是人类社会永恒的主题。如今人们已经认识到人与自然是生命共同体，人与自然的关系实质上就是人与人的关系，是社会关系，人与社会是相互依存的。然而，随着近现代工业化进程的高速发展，人类片面强调发展进步而无节制地向自然索取，使得生态环境遭受极大破坏，生物多样性正以前所未有的速度锐减，生态灾难频发；利益至上的价值取向也使得产品生产与工程建设的质量难以保证，人类文明的自身安全面临极大威胁。因此，伦理道德开始成为现代工匠精神的新主题，工程伦理学也成为现代工程教育的必修课。新时代的工匠应该在崇拜自然、敬畏自然的过程中通过调整自己的行为，敬畏产品、敬畏职业、敬畏自然、敬畏生命，协调人与自然、人与人的关系，达到人类生存发展与生态的平衡，强化和完善人类生存与发展的良好环境。

第三章
工匠精神培育存在的问题

　　有学者认为，中国从来都不缺少工匠精神，缺少的是工匠文化，其中包括支撑工匠精神的制度文化、物质文化、行为文化、管理文化、体制文化和价值文化等。毋庸置疑，当前社会发展确实需要工匠精神，但在我国目前的政策、社会环境和教育机制中，还存在一些不利于工匠精神培育的因素。

　　回首中华民族五千年悠久的历史，手工业的发展造就了无数的能工巧匠。中国土木工匠师祖鲁班，通过对大自然的观察，创造出锯、尺等各种工具，通过不断的探索和创新，制作出了各种武器。杰出的匠士们反复推敲、实验，以无可挑剔的精妙技巧诠释着工匠精神的内涵。纵观历史，我们对精益求精的卓越追求从未停止过。不过不得不提的是，在当今快节奏的社会生产方式和多种多样的社会价值观冲击下，工匠精神面临着严峻的挑战。

　　近代工业的兴起导致了工匠精神的没落。"随着西学东渐近代工业兴起，工厂化机器化等近代工业制度削弱了传统工匠伦理，某些传统工匠技艺走向衰落乃至失传。"[1] 这是李宏伟等在其发表的论文《工匠精神的历史传承与当代培育》中谈及的内容。"企业家快速盈利、追求速度的价值观，使得工匠精神难以在我国制造业中形成。"这是张博在《重塑"工匠精神"》一文中提出的观点，"出于快速挣钱的动机，他们当然不可能精心设计和雕琢企业的产品、生产方式和经营管理模式。他们急功近利，盲目扩张，以数量换取钞票"。[2]

　　当前工匠精神的培育已经引起了全社会的重视，应当说，近年来，我们在工匠精神的培育方面取得了一定的成绩，各行业从业者的职业理想日趋实际化，职业道德有了一定的提升，职业能力的培育逐步被重视，职业目标也逐步

---

　① 李宏伟，别应龙. 工匠精神的历史传承与当代培育[J]. 自然辩证法研究，2015（8）：54-59.
　② 张博. 重塑"工匠精神"[J]. 中国有色金属，2016（7）：42.

理性化，但同时还存在着一系列问题。目前，我国工匠精神培育和国外成熟的工匠精神培育模式相比，仍存在较大的差距，工匠精神培育相关理论还不够成熟，工匠精神培育体系仍需完善。客观剖析我国工匠精神培育存在的问题及其原因，对于培养大国工匠、进一步提高广大劳动者的职业素质和职业能力具有重要意义。

第一节　大国工匠成长的土壤贫瘠

一、社会方面

近年来，美国的苹果手机、德国的不粘锅和滤水壶、日本的马桶盖、韩国的电饭锅等实用精巧的产品受到世人的欢迎。特别是《我在故宫修文物》《大国工匠》《港珠澳大桥》《厉害了我的国》等工匠题材纪录片的陆续播出，引发了全社会对工匠和工匠精神的广泛热议，人们热切期待工匠精神的回归。

虽然已经认识到了工匠精神的价值及其对国家和个人的重要意义，但与一些国家相比，我国培育大国工匠的土壤依然贫瘠。

在日本，一个人从 20 岁开始做料理，可以一直工作到 60～70 岁，直到退出职场。退休后，他身边的人会这样评价他："你是值得我们学习的，因为你做了这么多年料理，积累了丰富经验，可以成为做料理的前辈了。"

"职人"在日语中过去主要是指传统手工业者，现在已经泛化，许多掌握着尖端技术的制造业者也可以被称作"职人"。精益求精、坚韧不拔和守护传统是现代的"职人精神"。在日本，整个社会是非常敬重"职人"的，"职人"是一个令人肃然起敬的称谓。

当前，我国培育工匠精神的土壤里最缺少的就是对"职人精神"，即工匠精神的肯定、认同和尊重。如果社会缺乏对这种价值观科学、客观的评价，那么这种精神就无法渗透到每个人的内心，无法成为整个社会共同的职业价值取向。单靠工资的提升、环境的打造、内容的趣味、操作守则的细化，工匠精神的重塑、传承和持久是很难实现的。

我国大国工匠的缺失和培育土壤的贫瘠主要体现在以下几个方面：

1. 人心浮躁，没有归属感　造成这种浮躁现象的原因，是道德号令的失效。以前国家和企业的主流宣传是集体至上，讲求奉献，号召大家为共同体（单位）的发展努力工作，以事业为重。但随着时代的变迁，这种归属感逐渐消解，人们对待工作的态度也产生了变化，工匠精神慢慢变成一种稀缺的品质。

2. 管理机制存在问题　盲目的竞争、脱离实际的考核让"政绩说话""末位淘汰""以绩效分等级"等管理手段大行其道。但这些做法在一些单位适用，在其他单位可能不适用，不能片面地搞"一刀切"。很多单位为了完成上级的考核指标，机械地将任务分解，不顾职工的努力过程，只看最后任务的完成情况，这极易造成同事之间的恶性竞争。为了完成各自的任务，大家不得不绞尽脑汁，你争我夺。激烈且过于功利的竞争，会逐步摧毁劳动者的梦想和热情，很难产出优秀的劳动成果。

3. 劣币驱逐良币 市场经济规律是资源配置的最优化，经济运行的基础是市场的有序竞争。但当道德水平和宏观调控手段没有跟上经济发展的步伐时，就会难以避免地产生一些恶劣的后果。一些付出巨大代价的匠人或者说工人制造出价值很高的产品，由于没有获得应有的赏识，造成优质的产品并不优价。甚至这种优质的产品可能会被粗制滥造但价格低廉的仿品逐出市场，不得不面对劣币驱逐良币的困境。这严重影响了企业和匠人们的积极性，工匠精神的土壤被严重污染。

中国制造走向中国智造、从国家品牌到世界品牌战略的实施都彰显出了工匠精神的时代价值，使新时代的匠人们看到了新的希望。现在的消费者已经开始愿意为优质、有个性的定制产品支付更高的价格，而优质优价的产品注定会体现工匠精神。当大国工匠的劳动有了回报，他们的价值得到社会的认可，柔性流水线、智能制造等新生产方式、"互联网＋"等新生产要素又为大规模个性化订制奠定了强大的生产基础，工匠精神的土壤也会变好。

二、 学校方面

工匠精神的培育应该是学校，特别是高校思想政治教育的一个重要内容，但从目前来看，显然还没有进行很好的整合。对于已经写入《政府工作报告》、国家领导人多次提及的工匠精神，基层的重视还不够，落实还不到位。培育工匠精神，需要营造顺应时代发展的氛围。但是在我国的教育过程中，对职业精神、职业价值观的教育力度还不够。精神的培育与技术的教导是不一样的，在我国现有的职业理念教育中尚未形成成熟的培训模式和考试规范，也没有规范化的心理测试或相应证书对职业道德的水平加以证明，难以引起社会各方的重视。

与此同时，传统的应试教育观念根深蒂固，从小学到高中，学校都将学生的考试成绩看作是最重要的教育指标。受这些传统教育观念的影响，加之来自社会的各种压力，许多执着专注的职业道德教育理念无法得到有效传达，造成学生职业认同精神匮乏，更不用说真正喜欢自己的专业了。还有部分高校为了营造出一种"高端大学""精英校园"的氛围，只注重学术研究成果而轻视精神培养，分数排名是判断学生优秀与否的唯一标准。学生所有奖项的取得都以成绩为基础，忽视了学生综合能力和综合素质的培养与提高，随之，相对应的教学理念也无法得到重视，使得工匠精神的培育在高校难以完全实现。

第二节　大国工匠培育的基础不牢

受教育阶段，特别是高等教育阶段，是树立端正的职业道德和培育工匠精神的关键时期。但由于重视程度不高、投入力度不足等原因，部分劳动者没有在高等教育阶段形成良好的职业道德素养，对工匠精神更是缺乏深刻的认识与理解。

哈罗德·H.柯院长在演讲中深情地告诫学生们："永远别让你的技巧胜过你的品德。"从古至今，我国历朝历代贤明的统治者和学者大多倡导"德才兼备，以德为本"。周公力主"惟听用德"；孔子强调"为政以德，譬如北辰，居其所而众星拱之"；关于才和德的关系，北宋司马光在《资治通鉴》中提出"取士之道，当以德行为先"，在分析智伯无德而亡时写道："才德全尽谓之圣人，才德兼亡谓之愚人，德胜才谓之君子，才胜德谓之小人。"而在我国革命、建设和改革发展进程中，中国共产党更是始终强调"德才兼备、以德为先"的选人用人标准。道德是人才的核心，工匠精神是职业道德的最高标准。

2018版的《思想道德修养与法律基础》里对于道德的论述是：道德是人类社会的特有现象，动物的本能行为中不存在真正的道德。劳动将人与动物区分开来，创造了人、社会和社会关系，也创造了道德。劳动是道德起源的首要前提；社会关系是道德赖以产生的客观条件；人的自我意识是道德产生的主观条件。道德作为一种实践精神，是特殊的意识信念、行为准则、评价选择等方面的总和，是调节社会关系、发展个人品质、提高精神境界等活动的动力。工匠精神是中国精神的组成部分，是职业道德的体现，也是在劳动和实践中形成的。

培育工匠精神，核心在人，人的关键在德。职场上工匠精神的核心是企业中的每一名员工不仅仅把工作当作赚钱的工具，而是树立一种对所做的事情和生产的产品的精益求精、精雕细琢的精神。工匠精神是一种信仰，是对工作发自肺腑的热爱。一位企业家曾经说过，工作如同恋爱，要想获得幸福，就得学会爱，这样才能感受到被爱。

从高校的角度看，工匠精神作为人才培养的重要内容之一，目前很难达到期望的教学效果。一直以来，我国在职业教育理念中对职业精神的培养不够重视，对学生职业道德水平、职业忠诚度培育的关注度不高，使得学生缺乏忠于职守、敬业奉献的意识，难以注重专注务实、心无旁骛的工匠精神的塑造。高校在思政教育课上，对工匠精神培育的内容虽有所涉及，但还不够全面，绝大多数高校只单纯强调了就业、择业观，却疏忽对学生职业荣誉感及职业责任感的教育。学生对工匠精神培育的重要性不甚了了，无法达到教育方针所要求的思想水平。

还有部分职业院校为了扩大招生、提高毕业生的就业率以及赢得良好的声誉，强化了职业技术水平的实践练习，而忽略了对职业精神和职业素养的培育，致使工匠精神并没很好地渗透到职业院校的教育教学中，即便偶尔会提及，也都一笔带过。然而，工匠精神所体现的职业素养价值是不可替代的，学生走向社会之后，不管从事什么工作，都需要有坚强的意志和责任感。只有将工匠精神发挥得淋漓尽致，才能具备强大的竞争优势。

现阶段高校对工匠精神的教育大多侧重人物事迹的宣传，对工匠精神的实质、作用、价值等挖掘得不够深入。学生对工匠精神的了解多从报纸或新闻报道中获得，内容和宣传途径单一。欲速则不达，营造工匠精神的良好培育环境不是一蹴而就的，而是一个持续的过程。

第三节 劳动者自身重视不够

现如今，社会呼吁工匠的回归，工匠精神是各行各业都必须遵从的职业道德。习近平总书记在北京大学师生座谈会上提到，青少年不管是学习还是创业，要一心一意，不能三心二意、朝秦暮楚，要知行统一，沉住气，耐得住寂寞，一步一个脚印。这是总书记对年轻人寄予的期望，也是国家和社会希望人们秉承的理念。这种理念和工匠精神的含义不谋而合，因此，这也是当今人才所要努力修行的方向。从目前的理论和实践看，工匠精神培育的效果并没有达到预期目标。

从当前整个大环境看，南方地区比北方地区情况好，东部地区比西部地区情况好，这与经济情况和市场状况有直接关系。南方地区和东部地区经济情况好，大企业较多，所以对具备工匠精神的匠人的需求和要求更高。

在"一技在手，走遍天下"的时代，世人都知道掌握一门技艺和拥有高学历同等重要。但在诸多就业招聘会上，求职者对白领岗位趋之若鹜，对蓝领岗位却退避三舍，企业招不到技术工人，特别是蓝领工人成为现实存在的一大问题，而社会的转型发展更需要一大批蓝领的支撑。

未来10年被定义为中国制造转型升级的关键十年，但中国制造需要一个支点——高级蓝领。企业所期望的是大量经过专业训练、具备工匠精神的年轻高级蓝领，使整个生产线变得更加智能、高效、优质。中国工业4.0时代的来临对高级蓝领提出了更高的要求，不仅仅要有技术，还要有高尚的职业道德、全面的综合素质、时代发展所需的创新创造能力。据估算，在当前 7 000 万名左右的制造业产业工人中，高级蓝领仅有 5％左右，距离德国等工业强国尚有 35％的缺口。按照这个比例测算，在中国进入工业强国的 2025 年，产业工人有望达到 1 亿人，高级蓝领工人的缺口最少将达到 3 500 万人。除焦化、煤炭、电力、冶金等传统支柱产业外，中国的装备制造、现代煤化工、新能源、新材料、特色食品工业、交通物流、文化旅游等优势产业和新兴产业高技能人才十分短缺，亟需大量技术蓝领。这些现象表明，工匠精神在社会上的宣传和培育效果并不理想。

有关调查数据表明，大部分求职者在求职时，首先考虑赚钱多、晋升机会多、福利待遇好等能够使自己获得更多利益的职业，很少有人愿意到基层工作，选择那些条件相对艰苦却亟需大批人才的岗位。对工匠精神全面地理解与认识并非朝夕之间就可以实现的，我国的工匠精神培育之路才刚刚开始，处于初步探索实践阶段，没有太多的经验可以学习借鉴，需要全社会共同努力，提升劳动者自身对工匠精神的认同和尊重。

第四章
大国工匠的培育路径

国家的发展与强盛离不开奋战在各行各业千千万万的工匠，工匠精神的回归已经成为时代的召唤。但是工匠精神的培育并非易事，而是一项需要科学谋划、长期坚持的系统工程。各类型的高等教育是绝大多数劳动者开启职业生涯前的最后一个集中教育阶段，加强大学生工匠精神的培养，对工匠的培育起着举足轻重的作用。国外特别是一些发达国家的工匠文化较为成熟，他们在工匠精神培育方面的经验和做法也值得借鉴。近年来，随着国家的大力倡导和宣传，各行业涌现出了一大批广为人知、令人敬仰的大国工匠，深入挖掘他们的典范价值，发挥榜样力量，可以带动和影响更多的劳动者，形成全社会重视工匠、尊重工匠的浓厚氛围，这同样是大国工匠培育的有效手段。

第一节　发挥学校的育人功能

工匠精神的培育不是一朝一夕就能完成的，必须经过破茧成蝶的积累和阵痛的过程，才能达到水到渠成、登峰造极的境界和高度。

未来，国家之间的竞争主要取决于科技实力，归根结底，还是人才的竞争。支撑企业生产发展的大批技术工人，主要是由职业院校培养的，尖端科研工作者则大都出自高校。"学校始终是培养人才的重要基地和基础性平台，夯实基础，固本强基，是学校应尽的义务。学校必须坚持这个原则，搞好基地建设，安下心来做好普通教育和职业教育等基础性工作，为一线生产岗位输送更多优秀的高素质技能人才，为培养大国工匠做出应有的贡献。"[1]

随着工匠精神的提出，国内众多专家与学者强烈呼吁要深入挖掘古今中外

---

①　任秋君．大国工匠研究［M］．上海：上海交通大学出版社，2019．

工匠精神的理论内涵和现实意义，尽快将工匠精神融入各行各业、各个领域中，这是实现我国从人口资源大国到人力资源强国的必由之路，也是实现从中国制造到中国智造、中国创造的首选路径。技工学校、高职院校和高等院校是培养未来大国工匠的摇篮，应该担负起培养工匠的重任。特别是高职高专院校，作为培养蓝领技术工人的主要力量，近年来得到了国家的格外重视。《人民日报》2020年7月27日报道："为落实2020年《政府工作报告》提出的两年内高职院校扩招200万人任务，中央财政拨付现代职业教育质量提升计划资金257.11亿元，比上年增加19.9亿元，增长8.4%，引导地方建立健全职业教育财政支持机制，落实职业教育人才培养目标。"各类学校都要重视工匠精神的培养与普及，从教学计划的核心课程入手，从工匠技能打造的实践入手，从德智体美劳全面发展入手，按照工匠的标准培养新时代的劳动者。笔者认为，首先要从职前开始，从劳动者的行为习惯的养成开始，从职业道德的基本规范开始，切实加强对从业人员工匠精神的培育，不再对职业精神泛泛而谈，而是将它落到实处。大国工匠培育要从教育发力，从人才培养发力，从培育好新人发力，不仅需要坚实的理论支撑和完善的培育体系作保障，更需要有知行合一的实践坚持。

一、 准确把握未来劳动者的基本情况

2017年12月4日，教育部颁布的《高校思想政治工作质量提升工程实施纲要》强调："以立德树人为根本，以理想信念教育为核心，以全面提高人才培养能力为关键，切实提高工作亲和力和针对性，着力培养德智体美全面发展的社会主义建设者和接班人。充分发挥课程、科研、实践、文化、网络、心理、管理、服务、资助、组织等方面工作的育人功能，挖掘育人要素，完善育人机制，优化评价激励，强化实施保障，切实构建'十大'育人体系。"提出了新时期高校育人的基本思路。当前，2000年出生的新生代开始走入大学，他们都是在父母的呵护下、老师的关心照顾下成长起来的，很少受挫折、吃苦，也没有体验过工匠的艰辛。他们的理想信念、能力素质、劳动态度、自我认知、价值取向等都需要重新审视，因此，要贴近学生、了解学生、服务学生，掌握当代大学生工匠精神的基本情况，这是开展工匠精神培育的前提和基础。

从现有的研究文献来看，当前大学生的思想脉搏、价值取向和能力素质基本情况还是向好的，具备知识面宽、学习能力强、视野开阔、思维活跃、勇于挑战等优点。但部分大学生也存在一些不足，如担当不够、自私自利、缺乏责任、自控力弱、进取心差等，具体表现如下：

1. 关注时事，但政治理论知识体系不完善　由于新媒体技术的不断发展，大学生获取信息的手段日益多元和便捷，他们可以随时通过手机等终端获取社会热点和国家时事信息。有统计表明，当前大学生每天利用互联网的时间平均为 4 小时，主要包括浏览信息、下载资料、玩游戏等活动，且基本都会阅读头条新闻信息，关注国家方针政策。但由于缺乏系统的政治理论学习，理论知识体系不完善。

2. 信心十足，行动稍显滞后　2000 年后出生的孩子大多是在鼓励和赞扬的环境下成长起来的。家长和老师扫平了他们学习和生活中的许多障碍，帮他们解决了他们应该面对的困难、挫折和问题，这导致了他们行动能力的弱化。他们理想高远，可一旦遇到现实问题就会犹豫不前，缺少解决问题的办法。国家建设和社会发展需要的是脚踏实地的实干家，需要的是开拓创新的实践者，因此，当代大学生需要培育工匠精神，厚植工匠精神文化。

3. 自我意识强，自控自律意识较弱　现在的大学生在家多受娇惯和宠爱，过着衣来伸手、饭来张口的日子，无论什么要求，家长都会尽力满足。面对社会纷繁复杂的诱惑，在缺乏父母老师的监督，需要由自己来决定取舍时，他们往往难以抵御和拒绝。

4. 目标高远，但存在功利性行为　社会发展突飞猛进，信息化大数据和人工智能日新月异，新时代的大学生能够通过各种渠道来认知世界的多元文化，触摸体验来自四面八方的文化价值和理想信念，对自身发展也有着更加高远的目标。新时代的大学生虽然明白应该通过自身的奋斗来赢得自己的人生和未来，也懂得一分耕耘一分收获，但是由于年纪尚轻，思想尚未完全成熟，在实际行动上普遍表现出与高远目标不相适应的实践步伐，不能脚踏实地，存在功利性行为。

5. 生活简单，解决问题的能力较弱　由于社会的变迁，现在的学生大多生活在成员少、结构简单的"小家庭"中。家庭是适应社会生活的重要场所，过于简单的家庭结构不能给孩子提供复杂多变的生活环境，容易使孩子长大后不会处理微妙的人际关系，不能在社会中扮演好自己应该扮演的角色。

6. 心地善良，辨识能力较差　当代大学生心地善良，他们对他人和社会充满了爱心，遇到需要帮助的人，就会主动乐观地伸出援助之手，这是工匠精神中应有的向善之心。但在社会和职场上遇到伪装的善良时，大学生往往也会暴露出普遍缺乏社会经验、辨别能力弱的不足。

7. 思想开放，心理承受能力较弱　受社会环境和媒体的影响，当代大学生交流沟通的媒介和方式更加灵活多样，他们通过网络和自媒体等了解信息、认识世界，所以他们的视野开阔、思想开放。但家长们对他们无微不至的照顾使他们对父母和社会产生了严重的依赖心理，不能独立行事。他们不具备应付环境突变的能力，当意外发生时，由于长期形成的脆弱性格，他们往往会因承受不住压力而陷入苦恼。

8. 规则意识强，规矩意识较差 随着历史的发展，人类的文明不断进步，社会秩序越来越规范，人们的道德水平也在不断提升，依法治国和以德治国的力量不断彰显。当代大学生是在国家和社会法制化进程中成长起来的，他们遇事讲道理、做事讲规则，维权意识明显增强。但与此同时，他们的规矩意识差，表现为我行我素、缺乏礼貌、不懂感恩等，这些思想和行为会严重影响工匠精神的培育，需要我们在培育学生工匠精神的实践中去克服和纠正。

9. 充满激情，但团队合作意识薄弱 新时代的大学生对新鲜事物充满了好奇心，总喜欢不断尝试，对于自己参与的活动表现出极高的热情，能够全身心投入，并且十分在意自己在活动中的表现和收获。但是，他们中的大部分都是独生子女，缺乏与同伴亲密生活的经历，自我意识比较强，容易以个人为中心，缺乏集体归属感，在过分在意自身表现的情况下，往往忽略了与他人的配合。此外，新时代的大学生对团队精神有不同的认知，也导致他们在学习、工作、活动和生活中存在个人主义倾向，相互之间很难开展合作。而在现代社会，无论是生活还是工作，都离不开分工与协作，不具备合作能力的匠人，很难迈进大国工匠的行列。

以上是笔者通过文献资料和学者研究，分析得出的当前大学生的思想现状、行为特点及其与工匠精神的差距。人文学科研究比较普遍的方法就是定性分析和定量分析。定性分析指通过逻辑推理、哲学思辨、历史求证、法规判断等思维方式，着重从质的方面分析和研究某一事物的属性，以上对大学生的思想和行为的判断就是利用了定性分析法。

二、 了解学生对工匠精神的认知现状

为了准确把握当代大学生对工匠精神的认知情况，了解他们基于工匠精神的心理、能力、价值取向、潜质等情况，笔者利用心理学、管理学和社会学的相关量表，对学生进行了深入分析。

1. 分析学生的职业价值取向 利用 super 的职业价值观测试量表（WVI）（附录 1），对大学生的利他主义、美感、智力刺激、成就感、独立性、社会地位、管理能力、经济报酬、社会交际、安全感、舒适、人际关系、变异性或追求新意等方面进行问卷测试。该测试针对某地方高校的在校大学生展开，采取不记名问卷的方式，共下发问卷 1 000 份，收回 976 份，其中有效问卷 945 份。统计结果如图 4-1 所示。

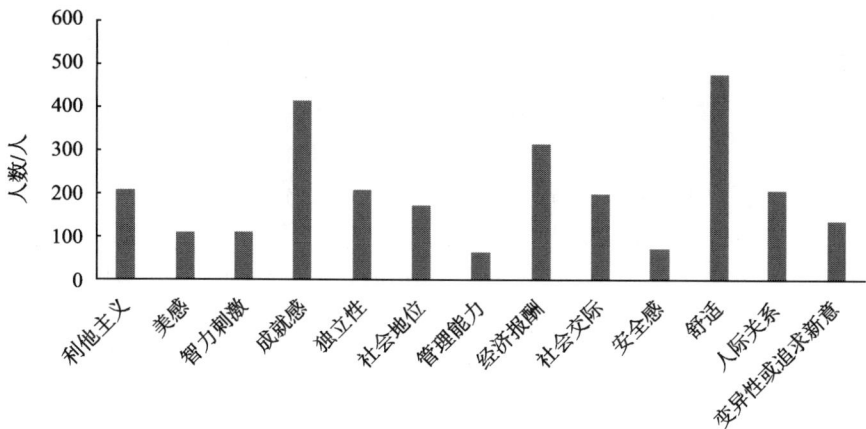

图 4-1　大学生职业价值观取向分析

图 4-1 中显示的大学生职业价值观取向较高的三项是舒适、成就感和经济报酬，这和前文用定性分析法分析的结果基本一致。大学生在职业价值观上进取心不足，更容易选择舒适、安稳、工资高的行业，存在一定的功利心理，注重成就感。

图 4-1 中显示的大学生职业价值观取向较低的三项是安全感、管理能力和美感。说明学生安全意识薄弱，这和他们的父母长期在学习、生活上提供的管理和帮助有直接关系；管理能力低是因为学生一直是被动接受管理的，没有社会实践经验；美感的缺失和学生一直以来的学习大多是模仿、跟踪，缺乏自己的独立思考有一定的关系，而美感是工匠精神的较高要求和较高境界，需要天赋加努力，这也是工匠精神培养最难的地方。

2. 分析大学生对工匠精神的认知和未来取向　根据本书的内容，笔者自行设计了一套问卷（附录 2），从两个方面来了解学生的工匠精神：一是工匠精神的认知调查；二是工匠精神的感知与行为调查。被调查者为某地方高校在校大学生，以不记名问卷测试方式展开，共下发问卷 630 份，收回 620 份，其中有效问卷 618 份，具体统计数据如下：

（1）是否看过《大国工匠》节目？选择"看过，印象深刻"的有 234 人，占比 37.9％；"看过，没什么感觉"的有 84 人，占比 13.6％；"完全没看过"的有 300 人，占比 48.5％。对央视放映的《大国工匠》，看过的同学占半数以上，但印象深刻的占比不高，仅为 37.9％，这与同学们平时的学习生活压力大、任务多、关注重点多元有关。

（2）是否关注过工匠精神？选择"从不关注"的有 42 人，占比 6.8％；"不是很关注"的有 312 人，占比 50.5％；"无所谓"的有 30 人，占比 4.9％；"有一定的关注"的有 204 人，占比 33％；"十分关注"的有 30 人，占比

4.9%。可见，同学们对工匠精神的关注度不算高，这与同学们专心学习、尚未入职有直接关系。

（3）对工匠精神的认识和理解（多选）。选择"高超精湛的技艺"的有33人，占比5.3%；"严谨细致认真负责"的有534人，占比86.4%；"精雕细琢精益求精"的有408人，占比66%；"有社会责任感"的有396人，占比64%；"淡泊名利"的有282人，占比45.6%；"不屈不挠艰苦奋斗"的有36人，占比5.8%；其他有30人，占比4.9%。总体看，同学们普遍认可的工匠精神的内涵是严谨细致认真负责、精雕细琢精益求精、有社会责任感、淡泊名利，基本符合工匠精神所包含的内容，说明同学们对工匠精神的认识比较到位。

（4）对工匠精神的核心的认识（您认为工匠精神最重要的方面是什么?）。选择"高超精湛的技艺"的有66人，占比10.7%；"严谨细致、认真负责"的有240人，占比38.8%；"精雕细琢、精益求精"的有180人，占比29.1%；"有社会责任感"的有114人，占比18.4%；"淡泊名利"的有48人，占比7.8%；"不屈不挠艰苦奋斗"的有84人，占比13.6%；其他有6人，占比1%。此题个别同学为多选。从大家的理解看，工匠精神的核心是严谨细致、认真负责和精雕细琢、精益求精，与学者们的观点基本吻合。

（5）大学生了解工匠精神的渠道。通过"朋友之间的交谈"的有72人，占比11.7%；"微信朋友圈的转发"的有60人，占比9.7%；"家庭的耳濡目染"的有48人，占比7.8%；"学校知识的传授"的有288人，占比46.6%；"单位或者企业的宣传"的有60人，占比9.7%；"报纸"的有36人，5.8%；"广播电视"的有252人，占比40.8%；"微博"的有114人，占比18.4%。可见同学们了解工匠精神的主要渠道还是学校和广播电视，这也说明了在进行工匠精神宣传的时候，要发挥好这两个渠道的作用，同时也要挖掘其他渠道的潜力。

（6）对工匠精神的当代意义的看法（您认为在大规模工业生产的背景下，工匠精神在这个时代还有意义吗?）。回答"完全没有意义"的有0人；"稍有点过时"的有18人，占比2.9%；"无所谓"的18人，占比2.9%；"还是有一定积极面"的有156人，占比25.2%；"非常值得发扬"的有426人，占比68.9%。大家一致认为我们这个时代还是需要工匠精神的。

（7）对保护传统工匠的认识（您觉得传统的工匠艺人需要这个社会的保护吗?）。回答"完全没必要"的有12人，占比1.9%；"可以不怎么保护"的有6人，占比1%；"无所谓"的有24人，3.9%；"还是有一定需要的"的有240人，38.8%；"非常需要"的有336人，占比54.4%。大家认为传统的工匠艺人还是需要社会的保护的。

（8）对工匠精神适用行业的理解（多选）。认为"工匠精神经常表现在高价的奢侈品行业"的有 458 人，占比 74.1%；"新兴的科技行业"的有 321 人，占比 51.9%；"传统的手工业行业"的有 597 人，占比 96.6%；"落后的旧产业"的有 354 人，占比 57.3%；"电子信息行业"的有 399 人，占比 64.6%。大家总体认为认各个行业都需要"工匠精神"，这也是我们想达到的目的之一。

（9）对当前社会工匠精神的存在情况认识。认为"现在仍然有非常多的工匠坚守着工匠精神"的有 396 人，占比 64.1%；"只有出名的工匠才会坚持工匠精神"的有 24 人，占比 3.9%；"年纪很大的工匠往往会秉持工匠精神"的有 126 人，占比 20.4%；"工匠精神几乎绝灭了"的有 72 人，占比 11.7%。同学们对现代社会工匠精神的存在情况比较乐观，认为仍然有非常多的工匠坚守着工匠精神，占比达到了 64.1%，还是有信心重树工匠精神的。

（10）工匠精神对同学们的作用。认为"工匠精神对学习、工作和生活有意义"的有 510 人，占比 82.5%；"意义不大"的有 78 人，占比 12.6%；"根本没有"的有 30 人，占比 4.9%。绝大多数同学能够积极看待工匠精神的现实意义。

（11）对工匠精神的适用范围的认识（您认为每个社会成员都需要工匠精神吗?）。选择"是的，工匠精神应当被所有人学习"的有 486 人，占比 78.6%；选择"不是，只有部分科研人员，技术人员或者手艺人需要"的有 30 人，占比 4.9%；选择"不是，只有部分职业需要"的有 78 人，占比 12.6%；选择"我不清楚工匠精神的意思"的有 24 人，占比 3.9%。同学们的观点基本统一到工匠精神应当被所有人学习，这个结果表明当代大学生的价值取向是非常正向的，与教育所要达到的目标一致。

（12）对工匠精神理念的意义的认识。认为"非常值得宣扬"的有 288 人，占比 46.6%；"值得宣扬，但只需要任其自然传承即可"的有 312 人，占比 50.5%；"不值得宣扬"的有 18 人，占比 2.9%。可见学习宣传工匠精神理念的意义非常之大，体现了研究这一问题的必要性。

（13）当前整个社会工匠精神的现状。认为整个社会的工匠精神现状"很好"的有 12 人，占比 1.9%；"较好"的有 102 人，占比 16.5%；"一般"的有 300 人，占比 48.5%；"较差"的有 186 人，占比 30.1%；"很差"的有 18 人，占比 2.9%。可见社会的工匠精神现状不容乐观，认为"一般"和"较差"以及"很差"的占比达 81.5%，这也提醒我们此项研究的任务之艰巨。工匠精神的培育需要国家、社会、家庭和每个从业人员一起发力，才能取得好的效果。

（14）对工匠精神的关注度。"完全不会"关心身边工匠的有 6 人，占比

1%；"不太关心"的有 90 人，占比 14.6%；"无所谓"的有 72 人，占比 11.7%；"有点关心"的有 336 人，占比 54.4%；"十分关心"的有 114 人，占比 18.4%。同学们对工匠精神"有点关心"和"十分关心"的占到了 72.8%，这也是近几年国家、社会和学校共同努力的结果，但还需要继续加大宣传、教育的力度。

（15）对工匠精神宣传渠道的认识（多选）。认为应"在家庭和学校里传播工匠精神，培养学生从小养成习惯"的有 450 人，占比 72.8%；在"政府层面上宣传工匠精神，表彰具备工匠精神的各界工作者"的有 462 人，占比 74.8%；选择"工匠与学徒之间的传承"的有 282 人，占比 45.6%；"运用互联网等新时代传播媒介"的有 390 人，占比 63.1%。按照同学们的选择，对于工匠精神的宣传、推广，应该多渠道、多角度综合发力，这也是学者们和本书的观点。

（16）对当地具有工匠精神的传统行业的了解情况。对于本地特有的或者著名的传统手工行业，选择"有很多，每样都很了解"的有 30 人，占比 4.9%；"有，但不怎么关注"的有 222 人，占比 35.9%；"从没了解过"的有 186 人，占比 30.1%；"本地没有突出特色的手工行业"的有 180 人，占比 29.1%。牡丹江地处祖国北部边陲，以旅游和农业为支柱产业，历史悠久、知名度高的传统手工业较少，也缺乏优秀的传统工匠和手艺，需要今后慢慢培育和打造。

（17）弘扬工匠精神的核心动力。认为推动工匠精神的关键因素为"政府加大宣传力度"的有 78 人，占比 12.6%；选择"政策改革"的有 204 人，占比 33%；选择"经济支持"的有 150 人，占比 24.3%；选择"从娃娃抓起"的有 186 人，占比 30.1%。可见，支撑工匠精神的政策改革和经济发展状况是弘扬工匠精神的主要因素，这就需要各级政府出台弘扬工匠精神的政策，当地也要大力发展经济，这是一个良性循环、相互促进的过程。

（18）制约工匠精神传承的因素。认为目前工匠精神传承面临的问题是"缺少愿意成为技艺传承者的年轻人"的有 300 人，占比 48.5%；"手工制作效率低，不挣钱"的有 120 人，占比 19.4%；"关注度低，销量低"的有 174 人，占比 28.2%；"其他"的有 24 人，占比 3.9%。从同学们的认识来看，"缺少愿意成为技艺传承者的年轻人"是主要因素，占比达到了 48.5%，这也是高校应该大力弘扬和培育工匠精神的原因。

（19）学生未来具备工匠精神的情况。认为"完全不可能成为具有工匠精神的人"的有 12 人，占比 1.9%；"可能性有点小"的有 96 人，占比 15.5%；"无所谓"的有 30 人，占比 4.9%；"比较可能"的有 432 人，占比 69.9%；"非常有可能"的有 48 人，占比 7.8%。从这个结果来看，还是比较乐观的，大多数同学希望自己具备匠人的精神，选择"比较有可能"的占到了 69.9％。

（20）对现代工匠精神应该具备的品质的认识（多选）。认为现代工匠精神最应具备的品质为"技艺超群"的有 48 人，占比 7.8％；"严谨细致"的有 162 人，占比 26.2％；"认真负责"的有 252 人，占比 40.8％；"精益求精"的有 156 人，占比 25.2％；"有社会责任感"的有 138 人，占比 22.3％；"淡泊名利"的有 24 人，占比 3.9％。同学们普遍认为认真负责、严谨细致、精益求精、有社会责任感是工匠应该具备的品质，其中最应具备的就是认真负责。工匠精神的培育应该把"认真负责"放在重要位置，让学生具备认真、细致、专注的职业精神，具备对国家、社会、家人和自己负责的态度，努力学习，提升自己，为社会做出更大贡献。

3. 当前大学生创新思维和创新能力的现状　利用普林斯顿创造才能研究公司尤金·罗德赛设计的尤金创造力自陈量表（附录 3），对某地方高校的 510 名大学生进行了无记名随机问卷调查，收回有效问卷 502 份，统计结果显示如表 4-1 所示：

表 4-1　大学生创新能力分析统计

分数范围	人数 /人	比例 /%	说明
140 分以上	0	0	有非凡创造性思维者
110～139 分	12	2.39	有突出创造性思维者
85～109 分	36	7.17	有较强创造性思维者
55～84 分	238	47.41	创造性思维良好者
30～54 分	211	42.03	创造性思维一般者
29 分以下	5	1.00	创造性思维较弱者
15 分以下	0	0	无创造性思维者

从上面的统计结果不难看出，在 502 名被试样本中，有非凡创造性思维者 0 人；有突出创造性思维者 12 人，占比 2.39％；有较强创造性思维者 36 人，占比 7.17％；创造性思维良好者 238 人，占比 47.41％；创造性思维一般者 211 人，占比 42.03％；创造性思维较弱者 5 人，占比 1.00％；无创造性思维者 0 人。总体看，大学生的创新思维比较乐观，但具有非凡创造性思维力者为 0。能做出突出贡献的匠人往往是具备非凡创造性思维者，所以，还需要加强对大学生创新思维及创造能力的培养和训练。

三、　充分发挥职业教育的作用

2015 年 7 月出台的《教育部关于深化职业教育教学改革全面提高人才培养质量的若干意见》指出，要坚持落实立德树人的根本任务，明确规定了学生职业技能和职业精神的培养要相辅相成。2019 年国务院印发的《国家职业教育改革实施方案》指出，职业教育与普通教育是两种不同教育类型，具有同等重要地位。要把发展高等职业教育作为优化高等教育结构和培养大国工匠、能工巧匠的重要方式，深入开展"大国工匠进校园""劳模进校园""优秀职校生校园分享"等活动，宣传展示大国工匠、能工巧匠和高素质劳动者的事迹和形象，培育和传承好工匠精神。可见，工匠精神的培养不只局限于工具性的技能学习，也不局限于品德学习，而是培养学生的职业道德和职业能力的高度融合。这就要求高校在培养学生时要针对学生的特点，在实际操作的过程中将工匠精神落到实处，制定职业能力的培养计划和规划。在学生就业前对其进行专业的理论知识和实践训练，为学生的职业能力更好地应用在工作中提供实质性的帮助，使学生真正成为高素质人才。

1. 加强与专业教育融合的职业课程体系建设 专业课程是学生大学期间主要的学习内容，大学教师要充分根据学生的现状特点，将工匠精神的基本素养，如爱岗敬业、追求卓越、吃苦耐劳、勇于创新等优良品质，有针对性地整合到教学目标中，也可以开设类似以"我想从事的工作"为主题的讨论课，让学生对自己未来想要从事的职业有一定的展望，了解工匠精神在就业中起到的重要作用。2016 年全国职业教育活动周的主题定为"弘扬工匠精神，打造技能强国"，活动提出"劳动光荣、技能宝贵、创造伟大的时代风尚"。可见，工匠精神培养是当代人才培养的必要任务，是现阶段职业教育的新要求和新方向，是高校精神风貌的重要体现。

可以把工匠精神写入教材，并将这一课程设置为必修课，分设讨论、课外实践等授课形式，对学生进行渗透式教学。教导学生要摆正心态、敬业勤业，永远对自己的职业保持初心。对于课程的设置，一要优化基础课程结构，不断完善现有技术技能类基础课程，同时开设普及职业规范的课程，如"道德讲堂"等，来宣扬职业道德、推广工匠精神，使学生从内心深处理解并熟知工匠精神的价值和意义；二要优化专业的职业课程体系，专业的设置以及职业课程结构的安排可以针对行业企业的特点来设计，考察实际工作中需要具备的实践技能、专业理论知识，按照重要程度和岗位需要的通用能力进行分类，侧重提升学生对工匠精神的认知水平和践行能力；三要对专业核心课程、基础职业课程设置切实可行的教学目标，完善教学内容及考核标准。合理的课程安排有助于学生实践能力以及职业精神、工匠精神的同步提升，提前形成爱岗敬业、追求卓越、吃苦耐劳、勇于创新等核心素质。

2. 发挥思想政治课的主渠道作用 思想政治理论课是学生将工匠精神理论的系统知识内化于心从而践行的重要课程，是提高学生综合素质的重要环节。通过对大学生开展职业精神教育，可以培养他们的理想和信念，形成正确的价值观。加强对大学生道德素质和职业素养的培育，开辟渗透"工匠精神"的多种途径，需要充分发挥思想政治理论课的作用，全方位落实工匠精神的培育。

教师可以习近平新时代中国特色社会主义思想理论为基本依据，将工匠精神融入课本、融入课堂，多层次、多方位地进行渗透，充分发挥思想政治理论课的主渠道作用，细致、有条理地将工匠精神的理念涵盖其中，让学生愿意深入了解工匠精神的内涵，认可这一理论观点，并愿意去践行工匠精神提倡的一系列要求。同时，在向大学生讲授工匠精神的内涵时，高校教育工作者们要跟上时代发展的步伐，尽量从学生的实际角度出发，多整合当下的社会热点问题，根据课程教学特点和教师授课实际需要，保障思想政治课程在校园文化建设中的优先地位。在"毛泽东思想概论"政治公共课中，要加强职业模范教育等方面的理论教育，教育学生放下功利心。在"思想道德修养与法律基础"课程中，则要巩固学生对职业道德观和责任感等方面的理解，引导大学生敬重职业，摒弃浮躁心。同时，为学生分析当今的就业环境及就业政策，帮助学生提高就业能力，从思想上重视工匠精神的培育，使学生自觉进行工匠精神的塑造和培育，增强学生在就业过程中的竞争力。

3. 在实践中提升学生的职业素养　职业素养（career quotient，CQ）是在职场上通过长时间的学习、改变，最后形成习惯的一种职场综合素质。也有学者将职业素养定义为职业内在的规范和要求，是在职业过程中表现出来的综合品质，包含职业道德、职业技能、职业行为、职业作风和职业意识等方面。职业素养是人类在职业实践活动中需要遵守的行为规范，个体职业行为的总和构成了自身的职业素养，职业素养是内涵，个体职业行为是外在表象。职业信念、职业知识技能和职业行为习惯构成了职业素养的三大核心。其中，职业信念是职业素养的核心，它包含良好的职业道德、正面积极的职业心态和正确的职业价值观意识，是一个成功职业人必须具备的核心素养，爱岗、敬业、忠诚、奉献、正面、乐观、用心、开放、合作及始终如一等这些关键词都是职业信念的体现；职业知识技能是做好一个工作应该具备的专业知识和能力；职业行为习惯也是职业能力，是每个成功职场人必须修炼的一种基本职业技能。常言道，"三百六十行，行行出状元"，要想成为"状元"，必须要有过硬的专业知识和精湛的职业技能。

实践是检验真理的唯一标准，实践更是培养职业人职业素养的关键环节。职业精神只有在实践工作中才能转化为自身的职业素养，学生在工作的环境下才能真正体会到工匠精神的意义所在。通过实际工作，将理论运用在实践中，学生能找到自己的存在感，而在努力做好工作的过程中，又能亲身体会到工匠精神中的吃苦耐劳、坚持不懈、任劳任怨，从而对工匠精神有更加深刻的理解。

第二节　筑牢工匠精神培育的基础

按照帕森斯的观点，理论是一组逻辑上彼此独立的有经验依据的一般概念，理论应该包括一系列相互联系的逻辑上比较严谨的假设和基本原理，所建构的一般论点可以陈述为原则上可以检验的经验性假说。理论不是现实的描述，而是某种期望达到的应然境界。考察我国工匠精神研究的现状，不难发现我国对于工匠精神的研究尚处于理论构建的初级阶段。作为高校，应该不辱使命、勇于担当，肩负起人才输送和引领时代发展的重任，培养出具备工匠精神的祖国建设者和接班人。通过前几章的分析研判，笔者认为，要培育新时代的工匠精神，必须抓准问题、突出关键，探索工匠精神培育的着力点。

新时代，新环境，新标准。人类进入 21 世纪以来，以人工智能、量子信息、移动通信、物联网、区块链为代表的新一代信息技术加速突破应用。世界正在进入以信息产业为主导的经济发展时期，数字化、网络化、智能化相互融合发展，以信息化、智能化为杠杆的新动能正在改变着人们的生活方式和生产形式，智能化、集约化的生产方式影响着企业的人力资源和岗位需求，也影响着工人的劳动观念，进而影响着工匠精神的培育。从现代高科技发展水平来看，生产技术已经不是制约工匠精神的主要因素，劳动观念、职业核心素养、职业核心能力和敬业精神才是现代劳动者所缺乏的。

一、 注重学生的劳动教育

工匠精神来源于劳动，也要服务于劳动。培养正确的劳动观、就业观是培育工匠精神的基础。尊重劳动、尊重知识、尊重人才、尊重创造，是党和国家的长期方针。习近平同志在《庆祝"五一"国际劳动节暨表彰全国劳动模范和先进工作者大会上的讲话》中强调，在前进道路上，我们要始终高度重视提高劳动者素质，培养宏大的高素质劳动者大军。劳动者素质对一个国家、一个民族发展至关重要。劳动者的知识和才能积累越多，创造能力就越大。提高包括广大劳动者在内的全民族文明素质，是民族发展的长远大计。面对日趋激烈的国际竞争，一个国家发展能否抢占先机、赢得主动，越来越取决于国民素质特别是广大劳动者素质。要实施职工素质建设工程，推动建设宏大的知识型、技术型、创新型劳动者大军。

2018 年 10 月 29 日，中国工会第十六次全国代表大会召开，习近平同志在中华全国总工会新一届领导班子集体谈话时指出，实现中华民族伟大复兴的中国梦，根本上要靠包括工人阶级在内的全体人民的劳动、创造、奉献。要使中国梦真正同每个职工的个人理想和工作生活紧密结合起来，真正落实到实际行动之中。要把广大职工群众充分调动起来，满怀信心投身于为实现中国梦而奋斗的火热实践，形成万众一心、众志成城的磅礴力量。要在全社会大力弘扬我国工人阶级的优秀品质，大力宣传劳动模范和其他典型的先进事迹，加强对广大青少年的教育，让劳动最光荣、劳动最崇高、劳动最伟大、劳动最美丽的观念蔚然成风，让全体人民进一步焕发劳动热情、释放创造潜能，通过劳动创造更加美好的生活。国家对新时代工人（劳动者）殷切期待，对工匠的付出给予了充分肯定，同时也提出了新的要求：提高劳动者素质，尊重劳动者汗水，给予劳动者必要的保障，发扬和传承优良的劳动精神，形成丰厚的工匠文化沃土，培养更多优秀的能工巧匠，为祖国发展建设贡献力量。

工匠离不开劳动，工匠精神是在匠人的劳动实践中凝练和升华的精神财富，工匠文化是全体从业者在职业实践中养成的劳动自觉。可见，对劳动的认识、对劳动的态度、对劳动的践行直接影响着大国工匠的培养和工匠精神的形成。德育和智育要齐头并进。智育是教授学生系统的科学文化知识、技能，发展他们的智力和与学习有关的非智力因素的教育；德育是培养学生正确的人生观、价值观，形成良好的道德品质、正确的政治观念和正确的思想方法的教育。对于学校的人才培养，要坚持全面发展的评价标准，从评价标准的变化能看出劳动观教育在整个教育工作中的重要作用。

劳动既是勤劳诚实的奉献，也是凝聚真善美的力量。劳动是社会对个体最基本的要求，既是个人的生存手段，也是个人对社会和国家应尽的义务。新时代大学生树立劳动最光荣、劳动最崇高、劳动最伟大、劳动最美丽的思想观念，有利于他们形成以辛勤劳动为荣、以好逸恶劳为耻的荣辱观，为工匠精神培育奠定思想基础。

2020 年 3 月，中共中央、国务院发布《关于全面加强新时代大中小学劳动教育的意见》；2020 年 7 月，教育部印发《大中小学劳动教育指导纲要（试行）》，强调劳动教育是中国特色社会主义教育制度的重要内容，直接决定社会主义建设者和接班人的劳动精神面貌、劳动价值取向和劳动技能水平，要求把握劳动教育基本内涵、明确劳动教育总体目标、设置劳动教育课程、确定劳动教育内容要求、健全劳动素养评价制度，广泛开展劳动教育实践活动，发挥家庭、学校和社会在劳动教育中的基础、主导和支撑作用，要求学校依托实习实训，参与真实的生产劳动和服务性劳动，增强职业认同感和劳动自豪感，提升创意物化能力，培育不断探索、精益求精、追求卓越的工匠精神和爱岗敬业的劳动态度，坚信"三百六十行，行行出状元"，体认劳动不分贵贱，任何职业都很光荣，都能出彩。

可见，劳动教育对大国工匠的培养和工匠精神的弘扬起到了重要作用。所以，要打好工匠精神培育的基础，应从强化大学生的劳动教育入手，端正大学生的劳动观念、提高劳动能力、掌握劳动技术是非常关键的。具体应做到以下几个方面：

1. 要在思想上提高对大学生劳动教育的重视程度　加强社会主义劳动教育理论建设，深刻认识到正确的劳动价值观在学生成长成才过程中的重要作用和意义，真正做到重视劳动价值观教育，将劳动价值观教育作为高校教育教学活动的重要组成部分，纳入人才培养方案，列为学校的一门必修课程。坚持以马克思主义世界观、人生观和价值观为指导，使学生牢固树立劳动实践活动是人类和社会生存发展之本的观点，认识到劳动是自我人生价值实现的有效途径，增强自身劳动价值观念，懂得劳动致富、劳动创造价值的道理，尊重自己和他人的劳动成果，认识到自己所承担的社会责任。重视大学生劳动观念培养，注重自我培养，挖掘大学生的劳动潜能，通过一定的实践劳动让学生体会到劳动者的不易，懂得尊重劳动者、珍惜劳动成果、维护劳动成果。

2. 优化大学生劳动教育环境　教育经常谈及教书育人、管理育人、服务育人、环境育人。其中，环境育人是潜移默化、润物无声、事半功倍的过程。余祖俊曾经说过，一流人才培养，环境育人是前提，劳动教育的养成也需要一个良好的外部环境。打造高校、家庭、社会三位一体的劳动教育环境，形成劳动教育的合力，家庭和社会的支持是学校开展好劳动教育的关键。家长要在学生成长的过程中树立好的榜样，多鼓励、多包容孩子在劳动中出现的问题，帮助其改正错误，不断完善。社会也要多给学生创造劳动的机会，让大学生在劳动中体会生活，引导大学生热爱劳动、热爱生活、热爱工作，这是学生具备工匠精神的前提和基础。

3. 完善大学生劳动教育体系，明确大学生劳动教育目标　针对不同年级的学生，制定不同的育人目标，培养德智体美劳全面发展的人才。对于新生，可以引导其积极参与劳动，帮助其端正劳动观念，树立良好的劳动习惯，逐步培养其独立自理的能力；对于二、三年级的学生，可加强专业理论、职业礼仪、职业和企业文化教育，同时在实践中培养其劳动能力；对于大四学生，进行创业与就业教育和劳动安全教育，提升其专业技能。劳动教育重在育人，重在培养学生端正的劳动态度和良好的劳动习惯。应对学生进行勤俭、勤劳、用诚实劳动换取美好生活的价值观教育和劳动技能教育，引导学生学习和发扬艰苦奋斗的优良传统，培养学生吃苦耐劳、艰苦奋斗的作风。这是工匠精神应具备的最起码的职业操守。

4. 培育大学生正确的劳动观 正确的劳动观是具备工匠精神的关键。习近平总书记在全国教育大会上指出，要在学生中弘扬劳动精神，教育引导学生崇尚劳动、尊重劳动，懂得劳动最光荣、劳动最崇高、劳动最伟大、劳动最美丽的道理，长大后能够辛勤劳动、诚实劳动、创造性劳动。要培育新时代大学生的劳动观，这既是形成大学生正确世界观、人生观、价值观的有效途径，也是培养有理想、有本领、有担当的社会主义建设者和接班人的客观要求，是高校实现立德树人根本任务的现实需要，对于加快推进教育现代化、建设教育强国具有重要意义。正确的劳动观有利于大学生树立正确的价值观和事业观，有利于大学生培育和践行社会主义核心价值观，有利于大学生感受时代精神力量，有利于厚植工匠精神。

二、 加强对学生的敬业精神教育

爱岗敬业是工匠精神的本质，是职业道德要求，是使命感的召唤，是工作能力的体现，更是每位从业者必备的基本素质。精益求精的工匠精神是一种境界，是一种追求极致完美的精神，是对爱岗敬业深层次的诠释和实施，是与时俱进、振兴经济、实现中国梦的强国之本。社会主义核心价值观在个人层面的要求之一就是敬业，敬业也是现代职业道德的内容之一（爱岗敬业、诚实守信、办事公道、服务群众和奉献社会）。百度百科关于敬业精神的定义是：人们基于对一件事情、一种职业的热爱而产生的一种全身心投入的精神，是社会对人们工作态度的一种道德要求。低层次的即功利目的的敬业，由外在压力产生；高层次的即发自内心的敬业，是把职业当作事业来对待。无私奉献是工匠精神的基本要求，要干一行爱一行、干一行专一行，只有这样，才能在实际劳动中产生浓厚的兴趣，投入更多的时间和精力，对自己生产的产品爱不释手、精益求精，体现工匠精神的真谛。

中华民族历来有敬业乐群、忠于职守的传统，敬业是中国人的传统美德，也是当今社会主义核心价值观的基本要求之一。敬业是从业者基于对职业的敬畏和热爱而产生的一种全身心投入的职业精神状态。早在春秋时期，孔子就主张人的一生始终要"执事敬""事思敬""修己以敬"。"执事敬"是指行事要严肃认真不怠慢；"事思敬"是指临事要专心致志不懈怠；"修己以敬"是指加强自身修养，保持恭敬谦逊的态度。北宋程颐更进一步说："所谓敬者，主之一谓敬；所谓一者，无适（心不外向）之谓一。"

敬业精神是一种基于热爱的对工作、对事业全身心忘我投入的精神境界，其本质和核心就是奉献的精神。在职业活动领域，从业者要树立主人翁的责任感和事业心，追求崇高的职业理想；培养认真踏实、恪尽职守、精益求精的工作态度；力求干一行、爱一行、专一行，努力成为本行业的行家里手；摆脱单纯追求个人和小集团利益的狭隘眼界，持有积极向上的劳动态度和艰苦奋斗精神；保持高昂的工作热情和务实苦干精神，把对社会的奉献和付出看作无上光荣；自觉抵制腐朽思想的侵蚀，以正确的人生观和价值观指导、调控职业行为。

敬业精神包括职业理想、立业意识、职业信念、从业态度、职业情感和职业道德。职业理想是从业者对所从事的职业和要达到的成就的向往与追求，是成就事业的前提，能引导从业者高瞻远瞩、志向远大；立业意识是确立职业和实现目标的愿望，其意义在于利用职业理想目标的激励导向作用，激发从业者的奋斗热情并指引其成才；职业信念是对职业的敬重和热爱之心，是对事业的迷恋和执着的追求；从业态度是持之以恒的工作态度，勤勉工作、笃行不倦、任劳任怨；职业情感是人们对所从事职业的愉悦的情绪体验，包括职业荣誉感和职业幸福感；职业道德是人们在职业实践中形成的行为规范。

具备敬业精神要做到以下几个方面：在思想方面要热爱本职工作，忠于职守，能够持之以恒；在专业能力方面有熟练的专业技能、较高的职业操守；在职业态度方面要脚踏实地，勤勉刻苦，无怨无悔；在职业意识方面要有旺盛的进取意识，不断创新，精益求精；在职业境界方面要有强烈的事业心，有尽职尽责、无私的奉献精神，公而忘私，忘我工作，全心全意为人民服务。

如何让敬业精神成为大学生的工作自觉，是培养未来从业者的重要问题，也是工匠精神培育的关键，下文将重点探讨如何培养大学生的敬业精神，为树立工匠精神打好基础。结合学者的观点和笔者研究的经验，应该从以下几个方面入手：

1. 高校应增强大学生敬业精神培育的自觉性　敬业精神作为工匠精神的核心，是在后天的学习、生活和工作环境中培育而来的。在家庭、高校及社会这三大阵地中，高校是大学生敬业精神培育的重要阵地，大学时期又是大学生步入职场的冲刺阶段，所以应抓住这一关键节点，融合大学生自身、高校本身、家庭及社会四方面力量，形成大学生敬业精神培育的合力，制定出切实可行的培育大学生敬业精神的对策，提升敬业精神培育的针对性和实效性。高校可以通过日常行为规范、行为准则、学习教育和社会实践等途径来培养学生的敬业精神。主要做法包括：

（1）把大学生的敬业意识培育作为切入点。首先让大学生学会敬业。敬即尊敬与敬重，如何把工作做好，唯一的秘诀就是忠诚，从心底自觉发出的忠诚就是敬。其次，让大学生学会乐业。乐即兴趣与享受，在职业中发现趣味，享受自己的工作，生活才有价值。简而言之，敬业即责任心，乐业即趣味。学校可以在授课的过程中，引导大学生养成对自己负责的意识，这种责任意识的养成，不仅能够降低校园内不敬业现象的发生，还可以激发大学生对敬业精神学习的积极性。大学生敬业意识的提高，能促使大学生端正学习态度，专心学习，在学习中寻找乐趣，爱上学习，用强烈的敬业意识规范自己的言行。

（2）鼓励大学生树立明确的职业目标。敬业精神和工匠精神都需要对职业的忠诚和坚守，一个人只有具有了明确的职业目标，才能在今后事业发展的道路上始终如一、不断进取，最终实现个人的人生价值。高校要提高大学生对马克思主义相关理论的认识，坚持以中国特色社会主义理论为指导，践行社会主义核心价值观，鼓励大学生树立明确的职业目标，制定明确的职业规划，坚持个人目标与社会发展相结合，个人利益荣融入集体利益，结合自身实际，制定短期目标与长期目标，明确自己发展奋斗的方向以及要取得的最终成果。大学生要扎实努力地学习文化课知识，提高自身的知识水平。在今后职业生涯中，定好个人目标，作为人生导向并为之不懈努力，为我国社会主义现代化建设奋斗。

（3）增强大学生的自我教育能力。引导大学生明确其对个人和集体的责任与担当，客观认识自我。明确知识的重要性，引导大学生认识到扎实的知识储备对于择业的重要性，加强自身专业知识的学习，不断提高自身的综合素质水平，全面发展，在工作岗位上不断创新。增强大学生的自我评价能力，教育学生在日常生活中学会自我批评、自我剖析、自我反思，逐步提升，这样才能在今后的工作中发现自身不足，更好地发挥主观能动性。增强大学生的自我监督能力，使大学生在心中形成无形的自我约束力，自觉遵守校规校纪，增强纪律意识，在约束自己言行的同时监督他人，在今后的工作中，自觉遵守单位的规章制度，形成强烈的组织纪律观念。高校要引导大学生正确认识敬业精神，明确培育的目标和要求，增强大学生的自觉性、积极性和主动性，提高其自我教育的能力。

（4）鼓励大学生积极参与实践活动。大学生敬业精神和工匠精神的培育不是一蹴而就的，需要知识理论教育与实践活动相结合，持之以恒地开展敬业精神培育的实践活动，让学生在实践活动中磨炼自己、提升能力，加深对敬业精神的理解。高校要为学生组织多种形式的实践活动，并鼓励大学生积极参与。例如：组织志愿者活动，为他人排忧解难、提供帮助，培养大学生助人为乐、诚实守信、乐善好施的敬业精神；开展社团活动，提高大学生的人际交往能力，增强其集体荣誉感，使其更好地融入集体生活；组织实地劳动实践，让大学生切身参与到实际劳动之中，体验劳动的不易，树立正确的工作态度，培养大学生踏实肯干、艰苦奋斗的精神。高校还可以结合中国传统节日和社会热点，举办主题丰富的实践活动，吸引学生的注意力，调动其参与活动的积极性。鼓励大学生积极参与实践活动，让大学生养成敬业爱岗的好习惯，使大学生更加直观地认识到自己所做事情的意义，通过参与实践活动达到锻炼自我的目的，让大学生了解敬业精神和工匠精神在事业发展中的重要性。

2. 完善高校培育机制　高校是大学生敬业精神和工匠精神培育的主要阵地。通过丰富培育的内容、综合运用多种教学载体、建立科学的考核评估体系来完善高校大学生敬业精神的培育十分必要。

（1）完善大学生敬业精神培育的内容。大学生敬业精神培育需要理论与实践相结合，这对大学生的学习与工作具有指导性的意义，因此，要完善大学生敬业精神培育的内容。首先，应在敬业精神相关理论培育的同时，教会大学生应该遵守的行为准则和应持有的正确态度。其次，将专业课知识与敬业精神的相关内容联系起来，针对不同院校、不同专业学生的需要，编写具有实际指导意义的教材，教材内容包含职业价值观、职业责任感、职业道德观及职业荣誉感。最后，高校应加强对大学生敬业、乐业、勤业精神的培育，使其树立爱岗敬业、乐于奉献的价值观。

（2）建立科学的大学生敬业精神评价体系。建立科学的大学生敬业精神评价体系是检验敬业精神培育结果的重要环节。目前大多数学校采用书面考试的方式，以理论考试成绩来评价教师的教学效果和学生敬业精神培育水平，这种评价方式并不能体现大学生自身的行为能力，存在严重的片面性。学校应该将大学生敬业精神评价与综合能力水平测试结合起来，在考核敬业精神理论知识的同时，也要注重大学生平时参与学校组织活动的表现、假期完成学校安排的社会实践活动的情况。将敬业精神考核落实到实践活动中，构建理论知识考核与实践活动能力考核统一的评价体系。

三、 提升学生的职业核心素养和职业核心能力

随着世界多极化、经济全球化、文化多样化和社会信息化，各国都在思考新时代学生应具备哪些职业核心素养和职业核心能力才能更好地适应未来社会这一前瞻性战略问题。

职业核心素养和职业核心能力是考量现代生产劳动力的两个非常重要的指标，已经成为学术界关注的两个热词。利用中国知网，分别以核心素养和职业核心素养、核心能力和职业核心能力为关键词进行搜索，截至 2020 年 7 月 31 日，检索到的文章数年度分布如表 4-2 所示。

表 4-2　职业核心素养和能力的文章数量分布

单位：篇

相关文献	年　份									
	2020	2019	2018	2017	2016	2015	2014	2013	2012	2011
核心素养	4 627	10 885	7 484	4 556	1 486	220	88	75	61	65
职业核心素养	45	93	73	22	4	3	5	1	2	0
核心能力	787	1 549	1 572	1 604	1 800	1 744	1 661	1 502	1 217	1 141
职业核心能力	51	134	175	159	208	198	208	197	120	112

　　从学者的观点分析，职业核心素养是指职业理想信念素养、职业道德人格素养、职业关键能力素养、职业基本意识素养。职业核心素养是一个新的命题，包含很多层面，大致可以分为外显职业素养和内隐职业素养。其中外显职业素养是指职业技能素养、职业知识素养；内隐职业素养是指职业理想信念素养、职业道德人格素养、职业关键能力素养、职业基本意识素养。

　　核心素养的内涵有 3 个代表性的表述。一是经济合作与发展组织（OECD）在 2005 年发布的《核心素养的界定与遴选：行动纲要》中的阐述：核心素养包含了认知和实践技能的应用，创新能力以及态度、动机和价值观，强调反思性思考和行动是核心素养的核心。二是欧洲议会和欧盟理事会于 2006 年 12 月通过的关于核心素养的议案中对核心素养的定义：在知识社会中每个人发展自我、融入社会及胜任工作所必需的一系列知识、技能和态度的集合。该定义强调核心素养理念的整合性、跨学科性及可迁移性等特征。三是北京师范大学 2016 年 9 月发布的《中国学生发展核心素养研究》的成果：学生发展核心素养，主要指学生应该具备的、能够适应终身发展和社会发展需要的必要品格和关键能力，而核心素养是关于学生知识、技能、情感、态度、价值观等多方面的综合表现，其发展是一个持续终身的过程，可教可学，最初在家庭和学校中培养，随后在一生中不断完善。

　　学者们认为，职业核心能力是在人们工作和生活中除专业岗位能力之外取得成功所必需的基本能力，它可以让人自信和成功地展示自己，并根据具体情况选择和应用。职业核心能力最早起源于欧洲，它是一个人在工作中获取成功的必要条件，也是实现个人可持续发展的必然要求。吴真教授主持的全国教育科学"十一五"规划课题《我国劳动者职业核心技能的结构、测评与提升》研究显示，我国劳动者职业核心技能结构由信息搜集与处理技能、问题解决技能、数字运算技能、自我提高与自我管理技能、沟通技能、言语表达技能、协作技能、外语应用 8 个因素构成。还有学者将职业核心能力分为 3 个部分：基础核心能力，包括职业沟通、团队合作、自我管理；拓展核心能力，包括解决问题、信息处理、创新创业；延伸核心能力，包括领导力、执行力、个人与团队管理、礼仪训练、五常管理、心理平衡等。

2014 年教育部印发《关于全面深化课程改革落实立德树人根本任务的意见》提出，教育部将组织研究提出各学段学生发展核心素养体系，明确学生应具备的适应终身发展和社会发展需要的必备品格和关键能力。2016 年是我国学生核心素养研究的具有里程碑意义的一年，这一年，教育部基础教育课程教材专家工作委员会以科学性、时代性和民族性为基本原则，审议确立了《中国学生发展核心素养》，将学生核心素养分为文化基础、自主发展、社会参与 3 个方面。综合表现为人文底蕴、科学精神、学会学习、健康生活、责任担当、实践创新六大素养，标志着我国职业核心素养的研究迈上了一个新的台阶。这也强调了我国的教育要以培养"全面发展的人"为核心，要体现"以人为本"的发展理念。从此，我国关于职业核心素养的研究成为学者研究的重要内容。

工匠精神的一个重要内涵是对德艺双馨的孜孜追求，职业核心素养所体现的就是"德"，职业核心能力所体现的就是"艺"，要齐抓共进"一软一硬"两个方面，方能把工匠精神做强做实。

从培育职业核心素养和职业核心能力到树立工匠精神，既需要理论的支撑，也需要实践的检验。在认识到职业核心素养和职业核心能力的重要性后，要更多地思考如何在实践中培养职业核心素养和职业核心能力。

1. 强化职业教育的地位，发挥职业教育在培育工匠型人才工作中的作用 在传统教育观念中，人们普遍追求学历教育，不管孩子是否适合，家长和学校都鼓励甚至强迫学生考大学，职业教育被明显边缘化，社会认可度不高。在家长和学生眼中，进入职业院校更像是一种"无奈之举"，这严重地影响了劳动者工匠精神的培育。而职业院校的培养目标依旧定位于培养学生的"一技之长"，这种目标定位对于传统的工业社会发展需要来说是比较恰当的，但对于新技术时代、信息化时代、知识经济时代来说，显然有些落后，不利于工匠精神的培育。

应围绕职业核心素养和职业核心能力，对职业教育的宏观目标和微观目标进行重构，并以此来推动和深化我国职业教育的改革，引导职业教育内涵的进一步发展与提升。传统职业教育的目标定位往往忽视了人的发展，强调职业教育的经济功能，功利主义色彩鲜明。20 世纪，联合国教育、科学及文化组织在《教育——财富蕴含其中》中指出："为了迎接下一个世纪的挑战，必须给教育确定新的目标，必须改变人们对教育的作用的看法。扩大了的教育新概念应该使每一个人都能发现、发挥和加强自己的创造潜力，也应有助于挖掘出隐藏在我们每个人身上的财富。"这意味着要充分重视教育的作用，使人们学会生存，实现个人的全面发展，不再把教育单纯作为一种手段。传统职业教育实用主义的目标定位不利于工匠精神的持久发展。

2. 把职业核心素养和职业核心能力培养融入整个教学过程中，构建具有适应性的跨学科、跨专业、跨行业的实践类课程，积极探索以课题为导向的研究型课程　进一步增强与企业、行业的互融共通，优化整合各类教学资源，在此基础上围绕学生的问题解决能力、实践能力以及创新能力展开教学。同时，在设计制定人才培养方案时，充分考虑社会对人才的实际需求，把工匠精神所蕴含的"德、能、技"融入专业课、公共课和实习实践课中，营造全方位、立体式、全过程的职业核心素养和职业核心能力培养体系，为培养具备工匠精神的人才奠定理论和实践基础。

3. 在人才培养的路径上实行"宽口径、厚基础、高素养、重创新"的理念，把提高学生的综合素质放在首位，重点培养学生的创新能力与问题解决的能力　高校在招生阶段，基本都实行招生与培养模式的专一化和对口化，学生进入学校，专业就已经明确了，由于分数和学校、专业选择之间的矛盾，很多学生放弃了喜爱的专业。特别是职业教育，入校就开始了专业化的学习。这种招生和培养模式虽然具有很强的针对性，但非常容易造成职业教育中的特定专业与其他的学科专业分离，使得职业教育的专业发展与提升成为一个个"孤岛"。学生只是专注于自己所学的学科专业，而对其他领域的专业知之甚少，更为重要的是，学生的核心素养，如人文素养、科技素养等严重缺乏。没有丰厚的交叉学科知识，没有宽广的视野和方法，没有较高的人文与科技素养作为底蕴，核心素养和核心能力的培养只能陷入教育上的形式训练。因此，在招生与培养上，要积极探索尝试"大类招生""分类培养"等模式，在招生上实行宽口径，在最初的培养上实行厚基础、重素养、强能力，转变单一的以专业为中心的模块化培养体系，打破学科之间的壁垒与专业划分，实现学科之间的融合与专业之间的配合，从而形成合力，最终提高学生的专业素养、学习能力与可持续发展能力，培养他们的创新能力与解决问题的能力，筑牢大学生的工匠精神之本。

总之，通过以上举措，可以使大学生在入职前就树立正确的工作态度、职业观念和敬业精神，为走上工作岗位、进一步培育工匠精神做好思想和能力准备，为以后实现个人价值、服务社会和报效祖国奠定坚实基础。

第三节　构建协同育人机制

工匠精神培育是一项系统工程，需要联合各方面力量共同努力，才能有效实施。其中，家庭和企业承担着重要任务。

一、 发挥家庭育人功能

多年来，我国家长乃至学生对工匠、工人、蓝领等身份还存在着认识偏差，我国社会公众普遍认为高等教育才是最适合学生成才的，而关于技能的培育则往往被人们忽视。作为孩子启蒙老师的家长在强调孩子认真研读知识的基础上，还应更多关注对孩子责任感和品德的培养，实施全面的家庭教育，让孩子全面发展，教育他们树立正确的就业观和劳动观。

（一）摒弃"重智轻德"的倾向

家庭中，父母对事物所持的观点理念直接影响孩子对社会的看法，思想开明、积极向上的家庭环境的人才培养效果一定和思想迂腐、专制沉闷的家庭环境不一样。家庭作为一个社会单位，对于工匠精神的培育有着不可忽视的作用。家长对孩子的期望值都很高，在希望孩子能成才的同时，还应多关注孩子的全面发展，注重孩子良好健康职业观的养成。

首先，在子女的就业观念上，家长必须克服传统观念，改变"大城市""大企业""铁饭碗""坐办公室"等陈旧、片面的选择倾向。受古代"劳心者治人，劳力者治于人"的价值观的影响，很多家长认为工人的工作不够"体面"，不愿让孩子从事这一行业。在这样的心理下，当孩子准备走向社会时，家长总是倾向于让他们选择相对悠闲安逸的工作，觉得做手工业类的工作没出息，这在无形中带给子女一定的压力。

另外，很多家庭"重智轻德"的教育理念使大学生在选择职业时即便感兴趣也会避免选择技术类工作，导致了大量人才的流失。事实上，每个人的天赋和经历不同，适合的领域也各不相同。现代社会对于人才的需求趋于多样化，大量操作性的岗位需要经验丰富、技术精湛的工匠。在美国、日本等发达国家，技术工人的社会地位很高，非常受尊重，因为他们付出了劳动，是在为社会创造价值。父母应当指导孩子形成理性的职业观，转变"铁饭碗"的就业倾向，到亟须人才的地方去，实现人生价值，为社会做贡献，不怕吃苦、不怕艰难，做好每一项工作。并且要始终教育孩子无论在家庭中还是在社会上，都要遵守道德规范，不管在学习上还是日常生活中，做事都要竭尽全力、兢兢业业，从而培育孩子的工匠精神。

（二）建立良好的家风家教

父母是孩子的启蒙老师，优秀的家庭教育可能会改变人的一生。在培养大学生成长成才的过程中，家风的影响不可小觑。自身有着良好品德的父母会使孩子富有爱心和责任心，专注耐心做事、勤勤恳恳工作，而责任心不强的父母则会在不经意间使孩子养成好逸恶劳、游手好闲、不劳而获的坏习惯。因此，家长要给孩子树立榜样，树立以工匠精神为核心的良好家风。父母应该提高自己的职业意识，对生活始终保持积极乐观的态度，热爱自己的工作，尽职尽责、奉献社会。只有自身有意识地提高对劳动和职业的认识，才能形成良好的职业道德和工作习惯，给子女良好的引导，为培养正确的职业观奠定有力基础。具体应做到以下几方面：

1. 培养孩子正确的劳动观 现在孩子多是独生子女，家长在孩子身上倾注了全部的爱，使其逐渐养成饭来张口、衣来伸手的习惯，对劳动的认识不足。家长需要改变观念，让孩子从小喜欢劳动，养成自己的事情自己做的好习惯，引导孩子掌握生活中的劳动技能，提升劳动兴趣，体验自己劳动的成果，懂得所有的收获都需要付出劳动，勤劳才是通往目标的最佳途径。

2. 让孩子树立平等的职业观念 "三百六十行，行行出状元"，任何行业都是因社会的需要才产生的，只要用心去做，平凡的岗位一样能做出非凡的成绩和贡献。要摒弃"望子成龙、望女成凤"的传统观点，告诉孩子在任何岗位都能发光发热，都能实现自己的人生价值，只要认真去做，就会成为优秀的员工、优秀的工匠。

3. 家长应努力营造出尊重劳动的家庭氛围 家长不仅要注重给孩子创造和谐、民主、平等的家庭环境，还要高度关注制定的家庭教育守则是否适合孩子，是否对孩子的成长起着积极作用。要积极创建一个有序、向上且富有正能量的家庭气氛，以此让子女明白，优质的生活是靠自己不懈的奋斗才能换来的。让子女感悟到生活的哲理，他们才会身体力行地实践工匠精神。家长在平时为人处事上要率先垂范，严格要求自己，为孩子树立榜样，做好自己该做的事，尽好自己该尽的责任，不拖延逃避，用自己的实际行动引导孩子持之以恒、不断进步，为工匠精神的培育营造良好的环境基础。

（三）配合高校工匠精神培育工作

培养学生精益求精、爱岗敬业的工匠精神不能单靠学校教育或者单靠家庭教育，家庭能够塑造学生的世界观和价值观，而学校的影响更是深远持久的。学校与家庭相辅相成，两者有机地结合起来，才能达到最好的效果。高校应探寻出的一种行之有效的与家庭沟通交流方式，通过加强沟通，双方统一教育的方向，在培育大学生工匠精神的过程中相互促进。

高校和家庭加强联系合作，有利于提高大学生的劳动意识和职业观。因为家长们更熟悉子女的个性特点，便于在平时与子女的相处中潜移默化地渗透精益求精、坚定的工匠精神，这在很大程度上也弥补了学校在培养方面的不足。因此，家长在塑造自身良好职业品德和营造诚信家风的基础上，也要始终积极与学校保持联系，有效地同学校教育完美结合，携手高校，共同培育大学生的工匠精神。

二、 注重校企合作

要培养大国工匠，打好工匠精神的基础，单纯靠学校内部的学习是不够的，只有让学生在真实的工作中实践才能起到更好的效果。企业实习工作是学校内部实习的升级版，工匠精神的培育是一个漫长而又潜移默化的过程。开展校企联合培养，让学生真正走进企业内部，和公司员工交流实践，经受企业文化的影响和熏陶，对于提高学生的职业素养、培养坚定踏实的工匠精神有很大帮助。

通过与企业之间的合作，高校能更好地结合社会需要和企业实际开展大学生敬业精神培育工作。

1. 企业为大学生提供实践活动平台　高校想要培养出满足当今社会发展需要的人才，就要加强与企业的合作。企业为学生提供实践活动的平台，既可以宣传企业的良好风气，树立企业形象，又可以为企业吸引人才，提升企业的人力资源水平。同时，高校可通过企业提供的实践活动平台，让大学生接触社会，自主形成正确的职业价值观，以便其毕业之后更好地适应工作、创造价值。

（1）企业在高校建立就业基地。一方面，可以缓解大学生就业压力，在一定程度上为大学生毕业后的就业问题提供保障，同时，高校还能受到企业在人力、物力、财力上的帮助；另一方面，可以帮助高校检验大学生敬业精神培育的效果，以便日后对大学生敬业精神培育工作进行及时调整。首先，企业可以在高校建立就业见习基地，为大学生提供勤工俭学的岗位，见习期表现好的学生可以被企业直接录用，这样既为公司节约了用人成本，又为学生提供了就业岗位，直接被企业录用可以激发大学生的工作热情，促进敬业精神的产生。其次，企业可结合大学生实际能力建立就业、创业场所，引进大学生，鼓励其自主经营。例如提供一些店面，让大学生经营小饰品、文化用品、生活用品、食品等，这样不仅可以增强大学生的创业能力，还能培养其责任意识，在经营过程中逐渐形成敬业精神。再次，企业可通过就业基地为大学生提供创业须知、就业帮助等一系列服务，使大学生的就业、创业问题有处可询。企业在高校建立就业基地，还可使大学生积累社会经验，自觉以爱岗敬业的行为准则规范自己，践行敬业精神内容，更好地了解当前社会需要何种人才及敬业精神的重要性。

（2）高校组织学生参观企业，感受良好的企业文化。企业文化是一个企业运行、发展软实力的综合展现，是企业或企业员工在从事其主导的经营活动中应具有的价值观和行为准则。良好的企业文化有利于扩大企业品牌的知名度，形成良好的企业环境与和谐的工作气氛，激发员工的工作热情。例如：OPPO

公司以"本分、追求极致、用户价值、开放包容、爱员工"作为企业文化，秉承了步步高集团注重创新、重视产品质量和售后服务的企业文化；欧莱雅集团以"追求卓越、勇于探索、多元发展、重视人才、引领创新"作为企业文化，重视开展基础研究，以激发创造力并开发符合未来需求的化妆品等。高校与企业达成合作，组织学生参观企业，让大学生目睹企业员工的工作状态，亲身感受企业文化，可以加深大学生对敬业精神的理解，通过良好企业文化氛围的熏陶，树立大学生正确的价值观，坚定其在今后的职业生涯中为社会无私奉献的决心。

2. 加强高校与企业的教学合作　高校将优秀的企业文化、员工行为规范引入校园，影响学生思想并规范学生行为，在一定程度上丰富了学校敬业精神理论知识培育内容，使学生了解企业对于人才的要求，更好地规范自己在日常生活、学习和工作中的行为。首先，学校邀请企业优秀员工来学校开讲座或者举办与学生面对面的交流会，向学生讲述企业或个人的发展历程，展现企业员工的风采，讲述所从事行业的发展趋势，一对一解决学生提出的有关敬业精神的问题等。其次，学校邀请已从本校毕业的在社会上有所作为、有所成就的学生，讲述自己如何走向成功之路，分享自身经验。由于是本校毕业的学生，大学生们会从内心对其产生认同感与亲切感，从而积极汲取经验、自我反思。最后，邀请企业领导亲自为学生授课。企业领导亲自授课能够使学生感受到敬业精神的重要，企业领导的威严可以端正学生对敬业精神学习的态度，企业领导在课堂上对学生进行奉献意识、合作精神、责任感等敬业精神的渗透，可以使学生更好地了解企业对于人才的要求，加强对敬业精神的认可度。

积极、有效地开展校企合作，可以使大学生在入职前树立正确的工作态度、职业观念和敬业精神。学生通过在企业实践，可积累更多的经验，了解各行各业的人才应具备的素质、能力和品德，以提升自身职业精神，养成良好的行为习惯，这也便于高校工匠精神培育后续工作的进行。

第四节　营造良好的育人环境

一、营造积极的校园文化

校园文化是培育学生工匠精神的隐性课程，利用校园文化来渗透德育是学校加强学生工匠精神培育的重要途径。

（一）积极发挥校园文化的作用
高校可以充分利用校园文化这一隐性资源，将工匠精神纳入校园文化建设的范畴，在校园及课堂中大力推进工匠精神系列活动，使学生耳濡目染，自觉树立高尚的职业素养和优秀的职业道德，为大学生提供精神支持，激发他们对学习和工作的热情，唤起其对独立人格和高尚道德的追求，塑造良好的道德情操。

首先，可以学生认可并乐于接受的方式开展职业知识的宣传。在校园文化的熏陶下，通过耳濡目染、潜移默化的形式提高学生的品德和素质。其次，经常开展与职业和劳动有关的主题活动，调动学生学习工匠精神的兴趣和积极性。高校要积极引导大学生，平时可以多举办优秀教授的讲座、演讲等，为大学生指明正确的努力方向，让其踏踏实实学习、做事；或者通过校园广播站、学校官网等载体，结合劳动节、运动会或社团文化节、专业技术竞赛等活动，促进大学生工匠精神的培育。此外，还可以通过素质拓展活动、优秀企业参观、组织学生观看《大国工匠》或《寻找手艺》等与工匠精神相关的纪录片，引发学生对工匠们的理解和尊敬；在校园甬道的公告栏上、图书馆里张贴优秀工匠的事迹，加强相关内容的宣传，营造浓厚的育人环境；创建兴趣小组，如匠心研讨会等，为志同道合的学生提供交流的机会。同时，把校史馆和陈列室的相关工作做好，以丰富的校史文化感染学生，让学生体会其中的精神，自觉接受校史文化，并努力继承和发扬。最终，通过一系列的校园文化活动建设，使校园文化与工匠精神完美融合。

（二）发挥教师言传身教的作用

教育是一项利国利民的伟大事业，教师是照亮别人、奉献自己的光荣职业。教育行业的输出产品是学生，要培养具备工匠精神的高质量产品，需要具备匠心的教师。

教育专家吕型伟有一句名言："教育是事业，事业的意义在于奉献；教育是科学，科学的价值在于求真；教育是艺术，艺术的生命在于创新。"

教师是人类灵魂的工程师，是教书育人的特殊工匠。教师的工匠精神是指教师对自己的学生精细教育和精益求精的精神理念。

教师作为高校德育工作的主体，对大学生的行为举止起着示范作用，教师的职业品德和敬业程度关系到大学生的整体素质。俗话说，"善之本在教，教之本在师"，就是说向善的根本在于教育，而教育的根本在于教师，教师在育人向善中起着主导作用。因此，教师要明确其重要性，充分发挥言传身教的作用，平时注意自身的言行，并学会引导学生不断提升自身的素养。

教师作为教学的主体，要充分理解和吸收工匠精神，给学生树立榜样，以德治教、以德育人，严格要求自己，对工作有高度的责任感、强烈的事业心，有终身学习的意识。只有具备爱岗敬业、严谨治学、态度端正等素养的教师，才能够以其人格魅力感染和影响学生，教会学生少些利己心、攀比心和索取心，多些利他心、感恩心和给予心，提高学生的综合素质。

二、 营造良好社会环境

中央电视台新闻中心经济新闻部副制片人、《大国工匠》节目制片人岳群曾说："在当今这个如此浮躁的社会中，工匠精神极为难得。"社会为人才培养奠定基础，因此，首先要纠正人们在思想上对职业技术教育的轻视，在社会范围内营造尊重劳动、尊重技术的氛围，提高职业技术人员的生活保障，建立完备的规章制度以确保工匠们的切身利益，为工匠们不断创新技术提供精神动力。

（一）建立健全社会保障体系

目前，求职者大都倾向于大公司、大企业的管理或文职工作，很少有人愿意下基层，从一线做起。有些人即使习得一技之长，也不愿做技术工人，他们潜意识里就认为从事技术类工作又脏又累，待遇还不好。当下专业职业技能人员短缺，也存在对技术职业的误解，出现这种现象，归根结底还是由于当前对技术工人的保障体系还不够完善。父母担心子女从事技术职业后自身利益得不到保障，得不到社会应有的尊重。保障技术工人权益，促进工匠地位提高、工匠精神在社会层面上的回归和工匠文化的营造，需要在社会保障体系的建设上给予必要的关注，从物质层面为工匠提供系统的支持。

在经济待遇上，可以为优秀的技术工人提供更合理的报酬和更优厚的税收条件，从而保证优秀技术人才的待遇问题。对于一些精英技工人才，地方政府还可以设立特殊津贴，直接增加其收入；对于从事高强度、高难度技术工程的人才，则可以建立与之等价的评估体系，以确保劳动者的基本利益。通过社保、税收、补贴等政策，使技术工人能够享受系统性、切实的制度化优待，让更多的年轻人自愿从事这一行业，尽可能地缓和当前技工短缺的现象。对高技术人才的特殊补贴也可以鼓励技术工人不断学习和创新，自觉提升自身的技术水平。在这样的保障体系和政策条件下，技术工人的利益得到了保障，工匠精神也会在工匠群体的壮大和进步中得到弘扬。只有建立健全相应的激励机制，使学生了解目前的政策，意识到工匠的各项权益都得到了保障，才能达到理想的教育效果。

在精神层面，要营造全社会尊重工匠的劳动、尊重工匠的工作岗位、尊重工匠的社会地位和价值的氛围。

（二）发挥榜样的模范带头作用

榜样给人带来的影响是无穷的，它可以鞭策人发愤图强，鼓舞人精神振奋。每当观看一场爱国主义优秀电影，或品读一本英雄传记，人们都会心潮澎湃。现实中有无数的工匠模范实例，他们用自身的模范行为引导广大群众立足自己的岗位，为实现中国梦打下坚实基础。习近平总书记在庆祝"五一"国际劳动节暨表彰全国劳动模范和先进工作者大会上讲到，我们要始终弘扬劳模精神、劳动精神，为中国经济社会发展汇聚强大正能量。劳动是人类的本质活动，劳动光荣、创造伟大是对人类文明进步规律的重要诠释。劳动模范是党和国家以及各级政府授予各行各业劳动者的最高荣誉称号，弘扬劳动模范精神，发扬中华民族劳动人民的高尚风格，能够有效指引当代青年人敬业奉献，朝着正确的方向前进、成长。

被誉为"矿山铁人"的全国劳动模范马忠生，从进矿起，一干就是35年；黄旭华为了研制核潜艇，隐姓埋名30年，保守着国家最高机密，连最亲的家人都不知道他的工作内容。劳动模范们把工作视为自己的职责和生命，淡泊名利、兢兢业业、恪尽职守、甘之若饴，用几十年如一日的坚持和韧性，任劳任怨地付出和奉献，不求任何回报，只为了心中的信念。

榜样是一个人成长道路上的领路人和指引者，高校可以将《感动中国》中劳动模范们的事迹汇总，做成幻灯片，组织大学生观看，以劳动模范们无私奉献、踏实肯干、做事凝神专一的良好品德素养来激励大学生，使学生自觉积极地树立工匠精神，建立自己的职业目标。同时，学校可以邀请本地先进模范来校与学生面对面交流心得体会，用高尚的人格感染学生，深化工匠精神的内涵，让学生反省自身，更好地塑造自我行为，提升思想道德水平、行为规范和技能水平，促进自我成长。

（三）利用大众媒体多途径渲染工匠精神

当代社会网络科技发展迅速，已经覆盖了人们日常生活的方方面面，影响着人们的工作和生活方式，传播着各种信息和价值观念，这也为大学生工匠精神的培养提供了新的途径。因此，要充分利用网络优势，传播正确的职业价值观，形成良好的工匠精神文化，促进大学生工匠精神的养成。

高校可以通过在微信中建立工匠精神交流群，开设校园官方微博、微信公众号等方式，从宏观上为培育学生的工匠精神工作添砖加瓦；通过在食堂内播放公益广告、正能量的新闻和事件、工匠微电影等提高号召力，助力工匠精神的培育践行；运用校园论坛，开设大学生工匠精神教育专栏，及时传达国家和社会关于培育大学生工匠精神的最新政策和要求；通过线上新媒体和自媒体开展有关工匠精神的活动，例如"平凡且伟大的工匠们"写作大赛，设计专栏进行征稿、转发和评选；开设目前在大学生中受欢迎的慕课，将工匠精神概念融入其中。利用新媒体的强大功能加强对工匠精神的宣传力度，让工匠精神的理念和要求全方位渗透到学生的学习生活中，为学生优秀职业精神的养成打牢根基。

现代大众媒体作为互动性强、开放共享、注重受众个性、快捷平等、集合各种复合信息的大众传播平台，已经成为大学生日常生活不可或缺的一部分。高校应该联合社会力量，大力宣传工匠精神，充分发挥现代大众媒体的引导、传播、教育作用，使其成为大学生工匠精神培育的有效载体。

第五节　借鉴其他学科经验

科学是人类认识事物本质和规律的知识体系。由于人类在不同历史时期对事物认识的局限以及所处时代背景的不同，需要解决的矛盾各异，因此，历史上形成了自然科学和社会科学两大学科体系。随着科技进步和社会发展，各门类科学在纵向高度分化的同时，又形成了横向高度综合的趋势，导致自然科学和社会科学日益交叉和融合。当代社会的纵横发展拓展了人类对客观事物从微观到宏观的认识领域，提高了对事物本质的洞察力。与此同时，出现了科学间相互交叉、综合、渗透、重构的趋势，在各学科间的交叉地带孕育着新兴学科群，交叉科学的出现是历史的必然趋势。工匠精神是职业道德的一个方面，属于职业价值观的范畴，是精神层面的哲学问题，要培育大学生的工匠精神，不仅需要人文社会科学的理论支撑，也需要自然科学的技术实践。

一、 借用相关辅助分析工具

解决问题的两个重要方法就是定性分析法和定量分析法，这两个方法是统一的、相互补充的，前者是后者的基本前提，没有定性的定量是一种盲目的、毫无价值的定量，定量分析比定性分析更加科学、准确，它可以促使定性分析得出广泛而深入的结论。培育大学生工匠精神也要充分利用现有的人力资源测评工具、心理咨询相关量表和企业培训及考评等相关手段。定量分析法和定性分析法结合使用才能达到更加精准的效果，对工匠精神培育研究亦是如此。

工匠精神培育，可以与"思想品德修养与法律基础""大学生创新创业""大学生职业生涯与发展""大学生心理健康教育"等课程结合起来开展，这个阶段是摸底阶段，可以利用职业生涯测评工具，了解学生的职业兴趣、职业方向、职业能力、职业发展评估等。此外，还可以利用现有的评估网站，或者成熟的评估软件，如职业锚测试、职业价值观量表、霍兰德职业倾向测验量表、职业能力的测试量表、职业能力评定量表和创新思维能力测量量表等，了解学生品质、能力的基本情况，便于因材施教。

在学生进入职场后，可以进行跟踪回访，了解他们是否具备工匠精神的潜质。在这个过程中，可以利用企业现有的评估体系，也可利用心理学相关量表，如：明尼苏达满意度量表（Minnesota satisfaction questionnaire，MSQ），由 Weiss、Dawis、England 和 Lofquist 编制而成，分为长式量表（21 个量表）和短式量表（3 个分量表），短式量表包括内在满意度、外在满意度和一般满意度 3 个分量表，可测量工作人员对 20 个方面的工作满意度及一般满意度；工作满意度指数量表，由 Brayfield 和 Rothe 编制而成，主要衡量工作者的综合满意度，可以考察员工对工作的认可度，认可度高，则工作积极努力、充满热情、效率高、成绩显著，工匠精神体现明显。

二、 开展基于心理学、 社会学等的拓展活动

通过前文的讨论、分析、统计和研究，笔者发现具备工匠精神的从业者，有几个明显的特质：一是责任，对所从事的工作或所做的事负责，所体现的职业道德是爱岗敬业，这是工匠精神的本质，对于工匠来说就是敬业、乐业、勤业；二是毅力，对所从事的工作或所做的事具有一以贯之的耐力，所体现的职业道德是精益求精，对于工匠来说就是坚持、坚守和执着，这是工匠所持有的工作理念；三是专注，对所从事的工作或所做的事全身心投入，所体现的职业道德是专心致志、追求完美和精益求精，对于工匠来说就是专心、细心、专业，这是工匠精神的核心；四是创新，对所从事的工作或所做的事不墨守成规，所体现的职业道德是独具匠心，对于工匠来说就是破旧、冒险、求变，这是工匠精神的延伸。

1. 责任　我们可以从两个方面对责任进行了解释：在社会道德方面，责任指个体分内应做的事，如履职尽责，强调的是岗位责任；另一方面，责任指没有做好自己的工作，而应承担的不利后果或强制性义务。责任意识，是"想干事"；责任能力，是"能干事"；责任行为，是"真干事"；责任制度，是"可干事"；责任成果，是"干成事"。责任心就是关心别人，关心整个社会。提升责任担当的活动介绍如表 4-3 所示。

表 4-3　"接受现实"活动介绍

类型	责任担当类		
活动名称	接受现实		
目的	培养对自己的行为负责的精神		
完成形式	班级全体学生，以个人形式单独完成		
时间	20 分钟左右	场地要求	室内外皆可

（续）

操作程序	（1）学生在比较大的场地围成一个圈，随机或自愿报名参加活动，根据场地大小决定人数多少，一般为16～20人，也可增加 （2）学生按照体操队形站立，站4～5排，每排4～5人，前排侧平举，后排平举 （3）组织者发出口令：组织者发出"1"时，举左手；发出"2"时，举右手；发出"3"时，抬左脚；发出"4"时，抬右脚；发出"5"时，不动。学生按照要求做，组织者和不参加活动的同学作为监督者 （4）参加活动的同学出错时，出错的同学要走出来站到大家面前，先鞠一躬，然后单膝下跪，举起右手高声说一句："对不起，我错了！"然后退出游戏。活动重新开始，以此循环。可以根据实际情况选择终止，也可直到最后剩一个同学为止
所需道具	根据情况，可准备小奖品，适当奖励胜利者
总结	人生路上，每个人都不可避免犯下或大或小的错误，不同的是人们在犯了错误后所表现出的态度。能直接承认自己所犯错误的人是相对较少的；有人能够认识到自己犯了错，但缺少承认的勇气，这就是心理学已经证明的自我心理障碍，很难克服；只有极少数人能在工作、生活中勇于承担自己的错误。担责是对自己负责、对事业负责，是爱岗敬业的表现，是塑造工匠精神的关键一环

2. 毅力　毅力指人们为达到预定的目标而自觉克服困难、努力实现的一种意志品质就是毅力，是人的一种心理忍耐力，也可以称为意志力，是一个人完成学习、工作、生活、事业或者一项任务的持久力。当它与人的期望、目标结合起来后，会发挥巨大的作用。提高毅力的活动介绍如表4-4所示。

表4-4　"突出重围"活动介绍

类型	意志力类		
活动名称	突出重围		
目的	当学生在生活、学习、工作和任务等方面面临巨大压力与困难时，能始终保持清醒的头脑、镇定的心态，拥有克服困难的信心和勇气，可以用理智和智慧解决问题，永不放弃、持之以恒		
完成形式	班级全体学生，以小组形式完成		
时间	15～20分钟	场地要求	普通教室
操作程序	（1）15～20人编为一组，本组成员站成圆形，手拉手围成一个圈 （2）活动规则由组织者发出，内容如下：假定你被敌人困在一个包围圈中，情况非常危急，要求你尽快想办法冲出包围圈，在不伤害成员的情况下，可采取任何方式，如钻、跳、推、拉、诱骗等；外围成员则必须要尽最大努力，避免被包围者突围成功。若被包围者突围成功，则这两个相邻的同学都要进入包围圈内作为被包围者，重新开始下一轮活动		
所需道具	无		
总结	好逸恶劳、趋利避害、畏死乐生是人的本性，面对困难时，有人选择了坚持，有人选择了放弃，前者容易成功，后者经常失败。当从业者的工作很难进行下去时，工匠选择持之以恒地坚持，调整方法以达到目的，而不是更换目标，这就是工匠与普通工作者的不同之处		

3. 专注 专注指一个人专心于某一事物或活动时的心理状态，又称注意力。人的专注或注意力受多方面因素的影响，注意力不集中是许多学习者和工作者失败的共同原因。提升专注力的活动介绍如表 4-5 所示。

表 4-5　舒尔特方格训练活动介绍

类型	注意力类		
活动名称	舒尔特方格训练（可以下载注意力训练手机 App）		
目的	提高训练者集中、分配、控制注意力的能力；提高视觉的稳定性、辨别力、定向搜索能力，提升专注力		
完成形式	班级全体同学或者个人		
时间	10 分钟	场地要求	普通教室
操作程序	（1）选取几张大小适宜的方形卡片，在每张卡片上画 25 个 1 厘米×1 厘米的方格，在格子内随机（无序）填写阿拉伯数字 1~25，不要出现两张卡片数字顺序一致的情况 （2）开始计时，要求被测者用手指按照 1~25 的顺序依次指出其所在的位置并诵读出声，被测者依次读完 25 个数字为一个周期，并记录下所用时间。被测者的注意力水平与所用时间相关，注意力水平越高，用时越短。几张卡片可以轮流使用		
所需材料	几张不同的舒尔特方格（图 4-2），或者注意力训练手机 App 图 4-2　舒尔特方格		
总结	（1）目前全世界公认的最简单、最有效、最科学的注意力训练方法是舒尔特方格。被测者在寻找目标数字时，注意力需要高度集中才能快速完成。被测者经过这种短暂、高强度、重复的集中训练，注意力会不断提高。这种训练可以拓展成 36、49 格，甚至更高阶层和更大难度，被测者的注意力水平会越来越高 （2）在工作时，专心致志做好一件事是非常重要的，只有养成了专心、专注、专业做好每一件事的习惯，工匠精神才能慢慢培养出来。注意力训练可以根据需要进行，常规的有 4 种，即视觉注意力训练、听觉注意力训练、动作注意力训练和混合型注意力训练		

在"所需材料"一栏的舒尔特方格图表：

24	7	25	4	22
6	2	16	9	10
11	15	20	23	18
21	17	5	19	1
8	14	12	3	13

4. 创新 顾名思义，创新是指创造新的事物。有学者将创新定义为，人为了一定的目的，遵循事物发展的规律，对事物的整体或其中的某些部分进行变革，从而使其得以更新与发展的活动，是从人的需要角度出发，对事物、方法、元素、路径、环境进行改进，以达到人的某种目的或者获得一定有益效果

的行为。提高创新能力的活动介绍如表 4-6 所示。

表 4-6　"农夫的遗嘱"活动介绍

类型	创新创意类		
活动名称	农夫的遗嘱		
目的	发挥人的想象力，扩展创造性思维，用非常规思路解决问题		
完成形式	小组或个人		
时间	15～20 分钟	场地要求	普通教室
操作程序	（1）组织者把事先准备好的农夫的田产图（图 4-3）分发给每个参加活动的成员；组织者给学员讲故事，内容如下：分发给大家的地图代表一个农夫的田产，根据农夫的遗嘱，这块田在他去世后要平分给他的 4 个儿子，怎样才能做到每个儿子所分到的农田面积、形状完全相同？请大家帮忙解决 （2）在参加活动的全体成员都给出自己的答案时，组织者给出正确答案（图 4-4），检查大家是否完成任务		
所需材料	将图 4-3 制成分发资料或墙表 图 4-3　农夫的田产	将图 4-4 制成墙表或投影片 图 4-4　每个儿子所得的田产	
总结	任何事物的利弊都是共存的，过去的经验有可能给我们解决问题提供思路，也可能成为束缚；在面对一个复杂的难题时，可以试着换一个新的角度，打破原来的惯性思维，可将大的问题分割成小的问题，再逐个解决		

第六节　借鉴国外经验

他山之石，可以攻玉，不妨借鉴发达国家的"匠人"经验，为我所用，丰富我们的匠人文化。

一、德国的经验

德国的工匠精神用一个词来描述就是"专注"。德国人的这种工匠精神成就了工匠，也促进了国家的发展。在德国，家族企业占企业整体数量的 80％以上，许多企业历经百年甚至数百年。"咬定青山不放松"是德国从业者共有的特征，从业者认定一项事业，就会像愚公移山般执着，会付出一生的精力、几代人的光阴为热爱的事业奋斗，生命不息、奋斗不止。1954年，"螺丝大王"伍尔特的公司成立时，员工寥寥无几，历经几十年的磨砺仍然屹立于世界市场的关键在于其始终如一地专注于生产螺丝这一种产品，时至今日，员工已发展到5万多人。

百年匠心看德国。1830年，德国农业占据主导地位，工业生产很不发达，在那以后的很长一段时间，德国的工业产品质量低下，假冒伪劣产品随处可见。1887年，英国颁布了新版《商标法》，这部法律对德国商品极度蔑视，要求来自德国的商品必须注明"德国制造"，便于消费者分辨。可见，当时的"德国制造"不但不能代表优秀的品质，还要受人歧视。在认识到问题之后，德国人开始注重产品的品质，更加注重工匠精神的培育，在各个行业强化工匠精神。德国匠人秉持严谨务实的态度、追求精益求精的品质，终于使"德国制造"脱掉了劣质品的"帽子"，成为享誉世界的高端品质的代表。

德国在工匠培养和工匠精神塑造方面的成功经验主要体现在以下几个方面：

1. 德国工匠精神的成长土壤比较肥沃　从当下看，德国工匠是世界范围内匠人的典范，德国人做事认真、严谨甚至显得刻板。德国有近837家企业的寿命超过了200年，在世界范围内广受追捧的奔驰、大众、西门子、徕卡等都是德国的知名品牌。德国工匠身上体现出来的严谨、务实、认真、负责等优秀品质共同形成了为人称道的德国工匠精神。

（1）德国有适合工匠生存发展的社会氛围。在德国，工匠受人尊敬，绝不是收入少、社会地位低的代名词。人们在求职时并不会受到用人单位的学历歧视，企业更看重的是求职者的实际能力而非高学历，需要的是最适合的人，这样既避免了人才浪费，也使求职者获得了公平、公正、合理的评价。工匠作为推动工匠精神的主体，在德国获得了应有的礼遇。

（2）德国的历史文化传统有利于工匠精神培育。哲学在德国极其发达，不仅局限于科研机构的学术研究，而且深入到了社会层面，影响着德国人的品德和行事作风。马克思明确提出了尊重劳动、尊重劳动者的观点，海德格尔也曾深入研究过人与科技的关系问题，这些哲学思辨经过长期沉淀，逐渐形成了德国尊重工匠、注重工匠精神的文化传统。

2. 德国实行"双元制"职业教育，创新工匠精神培育模式　"双元制"职业教育体系，就是把学校和企业共同作为学生职业教育的载体，在学校学习理论知识，在实训企业进行职业技能培训。在这样的学习体系中，学生的成长速度是非常快的，经过3～4年理论加实践的培训，学生基本就可以掌握相关的知识技能，胜任所从事的工作。"双元制"最大的优势就是学校和企业协同育人，学生在有限的时间里，既学到了知识又获得了技能，而且还可以通过在企业的实训获得一定的报酬，减轻经济压力。中国的职业院校可以对这种做法加以改造，形成适合自己的职业培训体系，使学生、学校、企业共同获益。

3. 德国工匠们对工作和生活的态度铸就了工匠精神　德国工匠们在生活和工作过程中始终遵循"慢"的原则，坚持"慢工出细活"，德国的企业很少有一鸣惊人、一夜暴富的，他们不会过度追求眼前利益，整个社会都摒弃急功近利的社会风气。随着时代的发展变迁，企业越来越追求"快"而轻视"慢"，都想加速发展，尽快实现最大利益，但德国企业却一直默默坚守着品质优先、精益求精的理念，创造着这个世界上最优秀的产品。德国人从来不会把工作视为谋生的手段，而是将工作视为生命和一种生活方式，专注于一项技能而倾尽毕生心血。这使德国的工匠精神在世界文化中始终闪闪发光。

二、　日本的经验

日本的工匠精神用一个词来描述，那就是"精进"，用一个字来形容，就是"精"。执着、细致、诚实是日本工匠的特点，并且世代相传。日本工匠精神并不是"追求眼前的利益"，而是"将灵魂注入作品之中"。2015年《全球竞争力报告》显示，日本的工艺复杂度在世界范围内都是佼佼者，由此可以看出日本精益求精的程度之深。日本的经验可总结为以下几点：

1. 日本的大和民族是一个善于学习借鉴的民族　日本人从古至今都怀有向先进文明、先进文化学习的理念。在古代，有着高度文明的近邻——中国是日本学习的楷模，从根源上讲，日本的工匠精神实际是来源于中国的。唐朝时，日本连年向中国派遣"遣唐使"，系统学习中国的政治、经济、教育等制度和纺织、冶金、农桑等技艺，可以说全面吸收了中国文化，这也逐渐形成了日本人的"职人气质"。在近代，明治维新之后，日本又把学习的目光投向了西方，大量引进西方的现代工业技术，使日本在整个亚洲范围内最早走上了工业化道路，实现了国家的强盛。现在日本的很多知名企业就是在那个时代建立的。不断学习、借鉴，使日本工匠精神血脉里持续流淌着世界先进文化的基因。

2. 日本企业专注于核心主业与匠人的责任坚守　日本企业十分珍视自己的核心主业，大多数企业具有超强的定力，执着于自身业务的不断发展、精进，而不会轻易、盲目地进行产业扩张。日本的龟甲万公司是一家在酱油生产上深耕近400年的老字号，企业一直以酱油为主营产品，致力于为消费者提供最优质的酱油，虽然业务略显单一，但是由于其生产的酱油品质高，所以一直深受人们的喜爱，企业也获得了很好的发展；大阪金刚组公司是全世界历史最悠久的企业，1400年来只做寺庙建筑业务，无论经历怎样的时代变迁，它始终专注于自己的核心业务。日本人把工匠称为"职人","职人"们将个人荣辱与产品品质直接挂钩，他们对于自己的产品有极度严苛的要求，在市场流通的产品如果质量不好，对于工匠们来说是一种耻辱。但不管情绪、心态产生怎样的变化，优秀的匠人对于自己从事的工作从来不会厌烦，而是会尽量追求精益求精，始终保持着一丝不苟、精雕细琢的态度。小工厂的技工可以把铜箔的厚度降到人类头发丝的十分之一，关键在于他们用耐心和责任心把握好温度和时间这两大铸造工艺的命门，科技再先进也不能掌控这两个要点，工匠们的绝佳技能是无法代替的。"日本刀"名扬世界，其制造过程也体现着日本匠人的精湛工艺。因为热胀冷缩的特性，造刀的金属材料遇热会收缩，而刀身不同部位的薄厚不一致会导致收缩的程度有所差别，专业术语称为"反"，日本刀之所以品质优异，就在于造刀工匠能够恰当地处理"反"。金属的颜色、状态会随温度的变化而变化，工匠可以依靠长期积累的经验，凭借其对颜色的准确判断把握加热的时间，在温度恰到好处时马上制冷。这个环节是保证刀的强度和韧度的关键，把握不好，刀的品质就会大打折扣。形容日本工匠最贴切的一个词就是"本分"，把工作做好、做精、做到极致是他们本能的追求。在他们眼中，制造不再是单纯地生产而是艺术创作，他们总是带着饱满的热情，用登峰造极的技艺，以"如切如磋、如琢如磨"的态度去完成每一个作品。工匠高超的技艺、对工作的认真态度是任何科技和机械永远都代替不了的。

3. 日本工匠注重积累和传承　　"秋山木工"的创始人秋山利辉是日本著名的企业家，更是木工领域的知名工匠，培养了 50 多位顶级木工大师，被誉为"匠人中的匠人"。最为人熟知的就是他制定的"匠人须知 30 条"，这体现着他对工匠精神的深刻理解，是他对徒弟们的教导和要求。"匠人须知 30 条"以"进入作业场所前，必须成为……的人"的形式，对问候、打扫、工作前的筹备、使用工具及工作总结提出了明确的要求，需要徒弟们背诵下来且照做。这些要求看似非常简单，其中却包含对工匠精神的深刻理解，从此要求每一个学徒，无论手艺水平如何，都要保持着一颗沉稳的匠人之心。

成功从来就不是能够轻易获得的，需要脚踏实地刻苦训练、反复磨砺，只有这样才能为成功打下最坚实的基础，所以这 30 条制度是学徒们必须牢记且遵循的。从秋山先生的观点来看，"一流的工匠，人品比技术更重要"。"会做事"并不值得夸耀，将一件事做到最好，且一直坚持，才令人敬佩。

三、 瑞士的经验

瑞士的工匠精神用一个词来形容，那就是"实践"，重视实践是瑞士工匠的最大特点。在瑞士工匠的脑海中，办公室和教室里很难产出精品，工厂和车间才是出良品和佳作的场所，只有亲自研究调查、亲身参与过程、亲自动手实践，才能掌握一手资料，因为瑞士工匠深信，再好的理论也不能脱离实际。瑞士制造离不开瑞士匠人们的精神追求和不懈实践。瑞士工匠精神培育的成功一是与瑞士的教育体制和教育投入有直接关系，二是得益于瑞士良好的社会环境和规范的社会制度。

1. 瑞士的教育投入和教育体制　瑞士的教育体系分为小学教育、中学教育和延续教育。小学教育与初级中学教育共 9 年，属义务教育阶段，由各州市负责。义务教育完成后，学生可进入高级中学教育阶段，在这个阶段，会有超过一半的学生进行不超过 4 年的实用职业培训。瑞士的教育经费在各级政府的预算中均占很大比重，在州和市镇预算中约占 25%，在联邦政府预算中也占到了 8%。大学和高等职业培训学校则由联邦和各州共同负责。瑞士教育的特点是：初中教育普及；高中教育比重小、职业教育比重大；大学教学质量高。

瑞士在世界高等教育体系排行榜上紧随美国，位列第二。瑞士于 1993 年开始对高等教育进行改革，决定将全国 60 多所高级职业技术学校按地区合并成 7 所高等职业学院，该项工作于 1998 年完成，7 所学院共有学生 18 000 人。通过这次改革，瑞士把接受高等教育人口占总人口的比例从 22% 提高到 25%。国家对教育重视是瑞士成为人力资源强国的重要保障，高比例的职业学校为瑞士工匠的成长提供了丰厚的沃土。

瑞士的"双轨制"教育是培育工匠精神的制度保障。"双轨制"是一种学校和企业共同承担职业学校学生人才培育任务的校企联合培养模式。这种模式得到了政府、学校、企业的高度认可和大力支持。政府根据社会对技能人才的需求制订培养计划、提供必要的政策和资金扶持，学校负责学生理论知识的传授，企业为学生提供实习、实训岗位并且参与学生的考核评价。这样的技能型人才培养模式，一方面可以让学生通过实际工作更加扎实地掌握学到的理论知识；另一方面可以让学生尽快将理论运用到实践当中，在实际工作的过程中提升技能。学生在学习阶段就通过实习、实训参与实际工作，成熟工匠的影响可以让他们更早地树立工匠精神，逐步把工匠精神浸润于内心，一步步走上自己的工匠之路。这种立足于实践的技能型人才培育体制造就了瑞士的工匠，铸就了伟大的工匠精神，更为高端瑞士制造打下了坚实的基础。

在瑞士的延续教育中，他们把职业教育和培训作为高等教育的一部分，让更多人能够接受特定的职业技能教育，以满足自身以及劳务市场的需求。优质的职业教育和培训也间接促进了高等教育与科研的发展，职业教育和培训同时还为雇主们提供了拥有各项专业技能的员工。

与职业紧密相关的专业教育培训（PET）教育包括 400 种不同的联邦

PET 学历考试、联邦高等 PET 学历考试和超过 30 类涵盖八大领域的 PET 大学学位课。PET 最大的特点就是理论的学习要依托于社会的需求和技术进步的需要，任何有学习意愿的学生都能获得 PET 提供的学习机会。通常，PET 课程的学习申请只需要满足一个条件，就是要在相关领域有一定的工作经验，这也是为了保障学习和培训的效果。这些培训和考试基本体现了各行各业的职业标准，为入职人员日后成为行业工匠打下了坚实的基础。

2. 瑞士良好的社会环境和规范的社会制度　瑞士是一个高度发达的资本主义国家，经济繁荣、社会稳定、人民生活富裕。稳定的政治、经济制度和先进的科技发展水平，尤其是高度完善的金融体系，使瑞士极具发展潜力，也使瑞士成为世界上最具吸引力的国家之一，大量的优秀企业和高端人才落户瑞士。雄厚的经济实力可以提升劳动者的素质；知名的企业是人才汇聚的场所，更成为工匠的栖息地。

发达的工业是瑞士科技的体现，也是工匠们的智慧结晶。瑞士的支柱产业是高度发达的工业，工业产值在整个国民经济当中占有一半以上份额。瑞士的工业主要是高端制造业，其钟表制造、机械制造、精密仪器、食品化工等都处于世界领先的地位。瑞士的钟表制造在全球享有盛誉，是世界第一大高端钟表生产基地，拥有百达翡丽、江诗丹顿、劳力士、欧米茄等众多世界顶级钟表品牌。这些都是工匠们用智慧和劳动换来的。

科技实力是一个国家创新水平的体现，瑞士的科技实力为工匠成长提供了更宽阔、更恒久的空间。在所有领域的诺贝尔奖得主中，有 113 位与瑞士有关，位于瑞士的国际组织共获得 9 次诺贝尔和平奖。例如：阿尔伯特·爱因斯坦在伯尔尼生活期间建立了狭义相对论；较近期的科学领域获奖者则有弗拉迪米尔·普雷洛格、海因里希·罗雷尔、理查德·恩斯特、埃德蒙·费希尔、罗夫·辛克纳吉、库尔特·维特里希等。瑞士还拥有众多卓越的研究机构，如著名的保罗谢尔研究所和目前世界最大的粒子物理学实验室——欧洲核子研究组织等。发达的科技实力背后是无数工匠们默默无闻的付出与奉献。

四、 国外工匠精神培育的借鉴

以信息化技术促进产业变革的智能化、数字化时代（工业 4.0 时代）已经到来，以人机协作为特征的个性化时代（工业 5.0 时代）已经离我们越来越近，机器大规模生产的普适性商品将会被个性化、私人定制产品严重冲击，更多、更智慧的工匠将是解决这一矛盾的关键，所以，我国亟须借鉴国外经验，培养更多、更优秀的大国工匠。

1. 实行严格的行业标准和监管机制　产品的质量问题不仅关系到企业生

产效率和消费者的利益，还关系到国家的形象和综合实力。质量出现问题是技术水平不足造成的，但还有一个重要原因是管理不严和行业标准出现漏洞。

在这方面，德国的做法值得学习。德国的质量监管机制和行业标准体系是世界领先的，他们在各个领域建立了超过 3 万个国家级行业标准，各个企业也都需要结合自身条件设置质量标准。这些严格的标准体系得到了有效执行，并逐渐成为整个社会的自发追求。另外，德国对于从业人员的素质也有着严苛的要求，促使他们树立良好的职业态度，以精益求精的工匠精神对待工作，那些在工作中漫不经心、屡犯错误的人是很难在社会上生存的。

当前，我国的监管机制和行业标准建设还不够完善，不能对从业者，尤其是那些对自身要求不高、工匠意识不强的从业者加以有效规范，这已经成为我国工匠精神培育的一个不利因素。应尽快建立适合我国国情的质量监管机制和行业标准，使广大的劳动者有所敬畏、有所遵循。工匠们在工作中还要在技艺上精益求精、追求卓越，在职业道德上要严于律己、履职尽责，在产品质量上要坚守标准、勇于创新。

2. 营造尊重劳动、崇尚技能的社会氛围 民生在勤，勤则不匮。实现国家富强、民族复兴的中国梦不能靠喊口号，而要靠全体国民的辛勤劳动。要想更大地发挥劳动的价值，就需要工匠精神和高超技能的支撑。当下，弘扬工匠精神首先要尊重劳动、崇尚技能。在日本，"匠"代表着对人的认可，是一个受人尊敬的称谓，整个社会对工匠价值给予高度评价，成为工匠可以获得社会地位和经济回报。

德国、日本、瑞士之所以能够生产享誉世界的产品，铸就产业的辉煌，靠的就是拥有众多具有工匠精神的劳动者，要想迎头赶上，我国也必须大力弘扬工匠精神，营造尊重劳动、崇尚技能的社会氛围，培育更多的大国工匠。

3. 完善我国用人制度，树立科学人才观 国以才立，政以才治，业以才兴。当前我国相对陈旧、僵化的人事制度和选人、用人机制使大量人才遭受制度限制，对人才大发展极为不利，亟须建立适应社会发展和时代变化的用人制度，树立科学的人才观。对于人才的评价，要注重实际的能力而不是学历，更不能靠资历。统计数据显示，目前我国劳动人口接近 9 亿，但技术工人不足 2 亿，高级技工更是仅有 5 000 余万人，在几乎所有的行业都出现了技术工人短缺的现象。而在德国、日本、瑞士等发达工业国家，技术工人的数量充足。随着技术进步、科技发展和产业升级，对工人技术水平的要求也会相应提高，我国技工短缺的困扰在短期内也许难以缓解，如果不能尽快扭转这种局面，我国的人才供给，尤其是技术型人才的供给将会越来越困难，这也会成为工匠精神培育的制度障碍。

只有完善用人制度，树立科学的人才观，才能让广大劳动者凭借自身过硬的本领实现人生价值,扭转人们"重学历、轻能力"的错误观念,让更多的人才树立工匠精神、走向工匠之路。

4. 树立爱岗敬业的榜样典型　爱岗敬业是我国职业道德的基本要求,经常被用人单位放在人才评价的基本标准中。我国社会主义核心价值观在个人层面的要求之一就是爱岗敬业,它是劳动者对待工作的基本要求,也是劳动者能够成为行业精英的基础。把爱岗敬业的工匠典范作为学习的楷模,可以让更多的劳动者学习到他们身上尽职尽责、精益求精、持之以恒的优秀品质,内化于心,外化于行,树立起自身的工匠精神。每一位从业者都应坚守标准、专注于心、身体力行,做好每一件事。德国工匠的精益求精、日本工匠的专注执着、瑞士工匠的认真实践、美国工匠的勇于创新,都值得我们学习。

通过对国外,尤其是发达国家工匠精神培育的学习和借鉴,可以更加清晰地认识到我们在工匠精神培育工作上的不足,把更加合理、有效、成熟的培育方式引入国内,为我所用。

新时代的中国热切呼唤工匠精神。如果人们愿意远离浮躁、脚踏实地、不受诱惑、不懈奋斗,那么自然会有功成圆满的一天。因此,不妨慢下脚步,回过头想想自己的初心究竟是什么。秋山先生的"通往一流的道路"是"守,全力吸收师傅传授的知识;破,将师傅传授的知识变成自身本领;离,开创自身新境界。"

第七节　发挥榜样引领作用

当前,随着国家对工匠精神的大力倡导和从业者自身工匠意识的不断提高,各个行业都逐步建立起了能够得到广泛认同、适应本行业特点的行业要求,这些具有突出行业特征的行业要求可以有力促进从业者规范自身行为,提高职业素养,引领他们树立立足于本行业的工匠精神。榜样的价值是巨大的,对践行工匠精神的大国工匠们的真实案例进行学习和宣传,可以把工匠精神形象化、具体化,使工匠精神更深入人心,为大国工匠的培育提供强劲的驱动力。

一、　了解行业要求

每个行业都有自己的行业特点和对从业者的特定要求,各个行业的劳动者必须尊重这些特点和要求。随着社会的发展,尤其是行业分工的不断细化,行业从业者身上体现出越来越明显的职业特征,这些职业特征是行业规范的具体体现,更是行业要求的具体体现。劳动者不管从事什么工作,都要了解、适应行业要求，在这个前提下，只有通过自己的不懈努力才能修炼成行业精英进而成为大国工匠。下文将介绍教师、公务员、企业家三个比较有代表性的典型行业的行业要求，以供参考。

（一）教师的行业要求

1. 忘我的敬业精神 作为教师，一定要发自内心地热爱教育事业，有吃苦耐劳、爱岗敬业的思想意识，这样才能安于清贫、坚守岗位，面对繁重的工作任务和越来越大的工作压力，不忘初心，做好平凡而伟大的教师工作。

2. 优秀的政治素养 当今的社会，纷繁复杂，充斥着各种各样的诱惑和陷阱。尤其是青年学生，他们的世界观、人生观、价值观还处于正在形成的阶段，非常容易受到各种错误思想的诱导，教师必须承担起学生人生引路人的角色。习近平总书记曾指出，我国是中国共产党领导的社会主义国家，这就决定了我们的教育必须把培养社会主义建设者和接班人作为根本任务，培养一代又一代拥护中国共产党领导和我国社会主义制度、立志为中国特色社会主义奋斗的有用人才。这是教育工作的根本任务，也是教育现代化的方向目标。这就要求教师除了要掌握丰富的知识，能够承担"传道、授业、解惑"的任务，还要做好学生的思想政治教育工作。在日常的教育过程中，时刻不忘运用马列主义、毛泽东思想、邓小平理论教育学生，帮助学生建立起坚定的共产主义世界观和价值观。引导学生树立家国情怀，培养他们爱国、爱党、爱社会主义的思想意识，让学生自觉成为为实现中华民族伟大复兴的中国梦而努力奋斗的社会主义建设者和接班人。这样才能帮助学生扣好人生的第一粒扣子，也只有这样，才是真正承担起了国家教育事业的历史使命。

3. 专业的研究精神 当今是一个知识爆炸的时代，科技的进步和知识的更新每时每刻都在发生。作为教师，更要紧跟时代的发展和要求，树立终身学习的理念，不断提升自己的知识含量和能力素质，这样才能培养出优秀的学生。人们常说，要想给学生一碗水，教师就应该有一桶水。现在看来，"一桶水"都是远远不够的，一名优秀的教师，应该是一条源源不断的江河，只有这样，才能更好地滋养自己的学生。另外，教师不应该简单地满足于做一个"教书匠"，而应该努力钻研，不断提高自己的理论研究水平，成为专家型教师。今天的学生，思想活跃、个性张扬，教育主管部门、学校、家长的教育观念也不尽相同，这就要求教师具备良好的研究能力，能够准确把握各种复杂教育问题的本质，进而更好地破题、解题。

4. 创新精神 创新已经成为时代的主旋律和社会发展的必然要求，作为培养人才，尤其是培养创新型人才的教师更应该具备创新精神。曾经有部分教师用几年甚至十几年、几十年不变的教材和教案授课，教学方法和教学理念也几乎一成不变，严重影响了教学的质量，有时还可能造成学生的反感和厌学。

作为新时代的教师，应该主动创新，从教育理念、教学方法到教学手段，都要适应时代的要求和学生的需要，这样才能更好地完成教学任务，实现教学目标。作为教师，应该积极学习、使用新手段，进而不断探索和创新适合学生的新型教学模式和方法，而不是故步自封，否则只能被时代淘汰。

（二）公务员的行业要求

公务员作为党政机关的工作人员，是各项国家政策的制定者和执行者，与社会上其他职业的从业人员相比，身份比较特殊。所以，公务员除了要按照相关法律、规定开展工作外，还要具备优良的职业操守和特殊素质。

1. 公共服务意识　党的十八大以来，特别是 2013 年 6 月启动党的群众路线主题教育实践活动以来，党和国家积极推动各项改革，加强作风建设，提高党政机关的为民服务意识，各地方政府也大力改变过去"门难进、脸难看"等错误做法，努力建设"服务型政府"。这就要求公务员从自身出发，端正思想，真正树立人民公仆的服务意识。第一就是要牢固树立全心全意为人民服务的宗旨意识。这是公务员所有工作的出发点与落脚点，只有做到这一点，才能做到从群众中来，到群众中去，实现执政为民。第二就是要有清晰的公仆角色意识。公务员要打破"当官、做老爷"的传统错误观念，要正确认识公务员、官员与人民群众的关系。第三就是要有正确的权力意识。公务员承担着社会服务和社会管理的任务，手中必然掌握着一定的权力，但是应该清醒地认识到，权力是人民群众赋予的，它属于人民、属于社会，而非公务员本人，绝对不能公权私用，更不能把权力作为满足一己私利的工具。

2. 实干担当精神　温家宝总理曾说过，空谈误国，实干兴邦。公务员作为国家行政事务的主要实施者，更应该具备实干精神。当前，我国正处于为实现中华民族伟大复兴中国梦和"两个一百年"奋斗目标而努力奋斗的关键时期，举国上下团结一致，获得了一个又一个振奋人心的伟大成就。这当中自然离不开广大公务员的辛苦付出，这支队伍也涌现出了杨春、王继才等一大批埋头苦干、敬业奉献的优秀典型。公务员只有安守岗位，认真完成本职工作，才能无愧于祖国的重托和人民的希望，才能在平凡的岗位上实现人生价值，为国家的建设和发展贡献力量。在工作中，除了多干事、干实事，公务员，尤其是处在重要岗位的领导干部要勇于担当、敢于担责。公务员应该面对挑战、迎难而上，在担当作为中锻炼本领、提升素质，这样才能迅速成长，为国家的强盛和人民的幸福贡献更大的力量。

3. 爱岗敬业，勇于创新　敬业是做好所有工作的基本要求和根本保障，公务员工作也不例外。公务员作为社会公共事务的管理者和人民群众的"服务员"，承担着大量工作，也承受着巨大的压力。只有爱岗敬业，公务员才能在这个岗位上兢兢业业、无私奉献，把自己人生价值的实现融入国家建设和为人民谋幸福的事业当中，成为保障整个社会机器平稳运转的"螺丝钉"。随着社会的发展和国家治理体系的变化，在精通业务的基础上敢于开拓、勇于创新成了公务员做好工作的基本要求，也是当代公务员爱岗敬业最突出的表现。当今社会变化快，各种复杂的社会事件层出不穷，如何妥善处理各项事务，时刻考验着公务员，只有破除陈规和旧例，不断创新工作方法，才能更好地推动各项事业健康、顺利发展。

4. 依法行政　党的十八大和十九大报告多次强调大力推进依法治国，建设社会主义法治国家已经被写入宪法。国家机关和各级政府更应成为践行依法治国的表率，把依法行政作为行使权力的基本准则。公务员是国家权力的具体行使者，要时刻把法律、法规牢记于心，这样才能把法治中国建设落到实处。公务员只有把行政置于法律的框架内，做到有法可依、有法必依，才能更好地完成国家和人民赋予的使命。

（三）企业家的行业要求

1. 积极创新　国家的发展和社会的进步需要创新，企业的做大做强更需要创新。在知识、信息大爆炸的今天，不管是已经处于行业顶端的大企业还是处于初创阶段的中小企业，能否顺应形势，在各种挑战中抓住机遇，是企业发展乃至生存的关键。这就需要企业家审时度势、大胆创新，带领企业走出适应时代发展的新路。当前，我国的经济发展速度已经从高速过渡到中高速，进入新常态。习近平总书记在企业家座谈会上指出，企业家创新活动是推动企业创新发展的关键。企业家作为经济发展的主要推动者，要主动适应新常态，转变企业的经营、发展理念，这也同样需要企业家大胆创新、锐意改革。

2. 创业精神　在大众创业、万众创新的时代，越来越多的人走上创业之路。但创业的成功、企业家的养成并非易事。据统计，初创企业能够坚持 1 年的不足 10%，能够坚持 3 年并实现盈利的更是凤毛麟角。这就要求企业家具备坚定的创业精神，在创业的路上百折不挠。回顾当今成功的企业家，在创业初期也都历尽艰辛，但他们凭着执着的创业精神最终成就了今天的辉煌。

3. 共享精神　企业家，特别是成功的企业家，从来不是单纯为一己私利的，而是用优质的产品、优良的服务回报消费者，用创造更多的就业岗位、产生更大的社会价值积极回馈社会。股神巴菲特、微软创始人比尔·盖茨等世界知名企业家在缔造了巨大的商业帝国、获得了惊人的财富之后，无不积极投身公益事业，用"裸捐"的形式回馈社会，把取之于大众的财富反馈给大众。中国企业家群体的形成时间相对较短，而且受传统保守思想的束缚，在面对社会公益事业的时候，显得积极性不足。如今，一些成功企业家已经转变了观念，承担起了越来越多的服务社会的使命。

4. 合作精神 随着社会分工的细化，在人与人之间的所有关系当中，合作显得越来越重要。企业间的关系也一样，有竞争但同样要重视合作。生产一件产品，往往涉及上下游产业链当中的多家企业，每一家企业都是整个产业链的一部分。这就要求企业家要树立协作意识，具备合作精神。从加入世界贸易组织（WTO）以来，中国一直致力于建立平等、互利、开放、包容的国际经贸关系，更是在 2013 年提出了"一带一路"倡议，协同沿线国家推动发展。中国的企业家们应该具备国际视野，树立国际合作的理念，这样才能带领企业融入国际市场，获得更大的成功。

二、学习大国工匠事迹

随着整个社会对工匠宣传力度的不断加大，越来越多平凡而又伟大的大国工匠走进了人们的视野，受到了广泛赞誉。发生在他们身上的真实故事、体现在他们身上的丰富的工匠精神内涵，是培育大国工匠最好的教材。

（一）勤奋进取的案例

管延安 中国"深海钳工"第一人

管延安，一位来自山东的钳工，从开始工作至今，一直从事钳工工作，曾经多次参加青岛北海造船厂、前湾港等国家重大项目的建设施工。在钳工这个岗位上，他已经默默地工作了二十多个年头，凭借着勤奋的学习和刻苦的努力，从一名普通的农民工成长为一名钳工专家，练就了一手高超的钳工技术，获得了诸多荣誉，被誉为"深海钳工"第一人。

管延安之所以能够在钳工这个岗位上取得如此傲人的成绩，其对待工作的极致专注和认真是一个重要的原因。不管对待什么样的任务，他都能做到认真细致、一丝不苟。

2013 年，管延安参加了举世瞩目的港珠澳大桥的工程建设。

一来到施工现场，管延安就和自己的工友们投入到紧张的施工建设当中，负责沉管的二次舾装。沉管是海底隧道建设中的重要部件，通信、监控等所有控制系统的各种管线都要通过沉管连接到控制中心。这些数量高达上千条的管线如同人体的血管和神经系统，像桥梁一样架在各个子系统和控制中心之间，每一条管线都要确保准确对接。在施工中，哪怕是一条管线出了问题，都有可能造成整个系统的瘫痪。管延安带着工友们在工地上加班加点地施工，铺装管线、安装设备、反复调整、测试系统，经过三个多月的紧张工作，2013 年 5 月 7 日，整个港珠澳大桥海底隧道的第一条沉管终于铺设完工。

在完成这条沉管安装工作之后，管延安还对铺设过程中发生的一个"小插曲"记忆犹新。在做沉管压载水安装测试的项目时，一个已经组装完成的蝶阀产生了意外渗漏。管延安回忆说，问题的发生主要是由于疏忽大意，认为这是个非常简单的操作，同样的活已经干过成百上千次了，程序上不会出现一点问题。安装用的蝶阀是全新的，而且安装前也按照要求做了压力测试，测试时一切正常，没有质量问题。但是，令人没有想到的是，安装测试之后发生了渗漏。事后经过仔细排查，发现问题出在了蝶阀压力测试的时间不足上。这次意外让管延安追悔莫及，也让他得到了深刻的教训。自那以后，所有的蝶阀，不论是新的还是回收再利用的，管延安都会一个一个地亲自检查一遍，压力测试也要超过标准，检测的时间都要超过 30 分钟。

在管延安带队入场施工几个月之后，有一位曾经干过钳工的领导来到他们的工作区检查工作。当时工地上放着整理好的蝶阀，大家把蝶阀摆成了两排，上面一排是经过保养可以继续使用的，下边一排是经过检测发现问题要淘汰掉的。在了解了情况之后，领导立刻意识到了摆放的问题，因为保养过的蝶阀从表面看和淘汰的蝶阀没有太大的差别，如果有不明情况的工人来取用，很有可能会拿错，一旦把淘汰的蝶阀当成好的用到工程安装上，将会产生不可挽回的严重后果。领导提出的问题让管延安惊出了一身冷汗，他立刻意识到了问题的严重性。管延安马上组织人员重新修订了相关的施工管理程序，建立起更加严格、规范的设备管理制度，所有的设备都要登记、注册、编号，从源头上杜绝了各种设备使用混乱的情况。

虽然如今的管延安已经是一名技术超群的老钳工，但即使是最简单、枯燥的工作，他也依然能够认真对待，毫不懈怠。蝶阀的维护保养最重要的就是法兰盘的检测维修，这是一项需要丰富经验和细致耐心的工作，通常管延安都会亲自动手，把法兰盘放在砂纸上，一圈一圈地反复打磨，力度要保持一致、均匀，不能大、不能小，还要时刻关注打磨的精确程度。这是一件看似简单却十分考验操作者功力的工作，全程手工作业，不借助机械，全凭多年的经验积累和高超的操作技能，管延安可以做到百分之百贴合密闭，零误差、零渗漏。

管延安对每个工作环节都坚持反复训练，这样日复一日的积累使他的工作技能不断提高。但不管他的技术成熟到什么程度，他仍然时刻要求自己保持严谨的态度，每个工作任务，哪怕再小，他也会反复检查，确保绝对的施工质量。

在第 15 节沉管第 3 次浮运安装的过程中，沉管里的压载水系统出现了问题，水箱因故无法正常注水，要想排除故障，只能由维修人员进入管体内部进行抢修。这时的沉管浮在海面上，就像一个浮在海面上的柜子，只是这个柜子比普通的柜子大了几十倍。因为前期已经完成了大部分的安装工作，所以这个"大柜子"基本是密闭的，只有一个大小不到两米的入口，内部的空气湿热无比。这样的操作面，不要说进行维修工作，就是什么都不做，也会让人汗如雨下、呼吸困难。

作为技术专家，管延安带队第一个冲了上去。没过多久，汗水就流遍了全身，衣服也很快湿透了，但管延安像是没有感觉一样，带着工友争分夺秒地排查、维修。最终大家仅用了2个多小时就彻底排除了故障，顺利完成了抢修工作。这是一个让人叹服的用时，管延安的速度快得令人难以置信。面对领导和同事们的称赞，管延安谦虚地说，之所以能这么快速、顺利地完成抢修任务，得益于平时的大量训练，整个沉管的安装施工过程他都会提前反复演练，重复的次数多了自然能够熟能生巧，高效率地完成工作。

年轻的时候，管延安曾经做过修理电机的工作。有一次他修理完一个电机之后，感觉很有把握，认为已经彻底修好了，就没有检查，但电机一开机又发生了故障，经过检测，正是他刚刚修过的故障。管延安当时悔恨不已，他心里很清楚，如果修理完之后再检查一遍，就一定不会出现这样的问题。那次的经历让管延安得到了深刻的教训，因此，他给自己定了一个要求，在完成任何工作，哪怕是最简单的工作之后，都要认真地反复检查。慢慢地，这已经成了管延安的一种习惯。

多年的勤奋和高超的手艺使管延安成了名副其实的"深海钳工"第一人，但是他依然没有停住进取的脚步，为祖国建设做出更多的贡献依然是他最大的追求。

包孟喜 "干"出来的铆工状元

在嘈杂而又弥漫着浑浊空气的环境当中，重复进行着艰苦而又枯燥的工作，打磨整理着一个个沉重的钢铁铸件，20年的时间就这样看似平凡地度过。但是，就是这样看似平凡的经历，却成就了一个勤奋进取、"干"出来的铆工状元。他就是中煤矿建集团的铆工包孟喜，他用自己手中的铆枪，一枪一枪地铆出了人生舞台上的精彩图画。

已经40岁出头的包孟喜，中专学历，共产党员，给人的印象就是身体结实、朴实敦厚、不善言辞，但总能看到他不知疲倦地辛苦工作，专心致志地研究技术问题。1994年，包孟喜中专毕业后，就来到中煤矿建集团工作，成为一名普通的车工，之后又因为工作勤奋刻苦被转为铆焊工人，而这个辛苦的铆焊工作就成了他最执着的追求，一干就是20年，如今的他，已经是集团的"铆工状元"。

从农村走出来的包孟喜有一个朴素的想法：要在社会上安身立命就得掌握一门技术，只有这样才能永远有饭吃。中专毕业后，包孟喜被分配到中煤矿建集团，成为一名车工。作为一名刚走出校园的年轻工人，当真正面对眼前的机床，要实际操作完成生产任务时，他才发现在学校学习的那些理论知识要想和真正的实践操作结合起来是一件很困难的事情。但是这样的困惑并没有让这个朴实的年轻工人退缩，反倒激发起了他勤奋进取的斗志。他激励和鞭策自己，一定要把工作做好，成为最优秀的工人。

刚开始工作时，包孟喜就表现出了超强的勤奋精神。他不浪费一分一秒的时间，恨不得忘了吃饭、睡觉，一头扎进车间不出来，把所有的注意力都集中到车床上。他总是缠着师傅没完没了地请教技术难题，把师傅的操作流程看了又看、想了又想，对自己的操作手法也反复琢磨、总结经验、精益求精。为了锻炼自己的操作手法，尽快提高业务水平，他还想出了个"好办法"，那就是废物利用。他经常去厂里的废料堆翻找能够拿来练手的废料，反复练习技术手法。有一次他在废料堆里搜集废料的时候，正好被不了解情况的工厂保安发现，把他当小偷抓了起来。在说明情况后，保安被包孟喜刻苦勤奋的精神打动了，一有机会就主动帮他找"宝贝"，有时还"送货上门"。功夫不负有心人，日复一日、年复一年的刻苦努力终于成就了一名优秀的技术工人。包孟喜一步步地成了厂里的技术能手和业务骨干，先后获得了"技术能手""先进工作者"等荣誉称号。

因为工作成绩突出、技术水平过硬，又踏实肯干、刻苦努力，厂里把包孟喜从车工调整为铆工。在铆工的岗位上，他又靠着勤奋进取的精神把工作做到了极致，成了"铆工状元"。

作为曾经的优秀车工，包孟喜又在铆工岗位上从零开始、勤奋工作。而这个"零"就是抡大锤。这个大锤，光是锤头就有几十斤，再抡起来更是异常沉重。刚开始的时候，他只会用蛮力，很快手掌上就磨起了一层又一层的水泡，还总是砸不准。他没有抱怨，更没有放弃，看着老工人的技术动作，一点点地琢磨技术要领，很快就掌握了抡大锤的技术，几十斤的大锤在他手中上下翻飞，指哪打哪。在每天都抡大锤、做着沉重的最基本铆工工作的同时，包孟喜像吸水的海绵一样，疯狂地汲取着铆工的工作技能。

铆工是个非常讲究技能和技巧的工种，一个个零件要在铆工手中按设计要求完美地组合在一起，这些零件大小不一、形状各异、材质不同，达到要求绝非一件容易的事情。包孟喜在向老工人学习各种技术的同时，也敏锐地认识到，要想把铆工干好，光有"手艺"是根本不够的，必须在苦练操作的同时深入研究铆工理论，只有在扎实的理论指导下，才能更快地领悟铆工的精髓，把铆工真正地做好、做到极致。

从那以后，包孟喜就开始疯狂地学习铆工理论，挖空心思搜集能找到的各种专业书籍，拿到手之后就一遍一遍地读、琢磨，有时候被书中的内容吸引，连饭都忘了吃，写下的心得和照着书中图纸做出的各种纸模型堆满了他的房间。就这样，丰富的铆工理论知识源源不断地充实了他的头脑，使这个只有中专学历的技术能手迅速成长为一名既有超强的实践动手能力又有科学理论武装的铆工精英，在厂里举办的各种技能比赛中，他总是能够技压群雄。2014年，包孟喜代表单位参加了中煤矿建集团全集团的铆工技术比武，能参加这个比赛的都是集团铆工里的佼佼者，但他凭着突出的表现和过硬的本领，技压群雄，一举夺魁，成了集团响当当的"铆工状元"。

在获得了数不清的荣誉之后，包孟喜没有沾沾自喜，没有停滞不前，更没有觉得自己高人一等，他依然兢兢业业地工作，认真负责地完成每一项工作任务。有一次，厂里接到了一项大量订制生产凿井井架的任务，加工任务量极大，而且要求尽快完工交付。厂里把最紧迫的图纸放样任务交给了包孟喜，接受任务后，他立即着手，不分昼夜地分析图纸、制作模型，用最短的时间准确无误地完成了放样任务，为整体加工任务的顺利完成打下了坚实基础。

这就是包孟喜，靠着过人的勤奋与刻苦，努力地完成一个又一个工作任务，成就着自己的"状元梦"，坚定地走着自己的"状元路"。

（二）态度认真的案例

张明山　救死扶伤，医者仁心

张明山是一名深受患者信任的神经外科医师，从医10多年来已经成功救治患者近万人次。从第一天穿上白大褂起，他就立志成为一名好医生，把精研医术、救治患者作为自己的奋斗目标。经过十余年的不懈努力和辛苦付出，张明山已经成为首都医科大学三博脑科医院的神经外科主任医师、神经外科知名专家。

明亮的无影灯下，张明山手持各种手术工具，有条不紊地主刀一台脑胶质瘤的切除手术。随着手术的深入进行，病变组织被一点点地剥离，患者也逐渐脱离了生命危险。

正在接受手术的患者是已经70多岁的江大爷。江大爷的身体一向不错，近期却经常感觉精神不振、四肢乏力，因为突然出现神志不清和半身不遂被紧急送至三博脑科医院抢救。经过各种影像检查，张明山发现江大爷之所以出现这些症状是因为在他的颅内右额叶上长了一个肿瘤。肿瘤所处位置是大脑重要功能区，且体积较大，患者受其压迫才出现了上述症状，如不及时进行手术摘除肿瘤，甚至可能会出现生命危险。

张明山带领医疗团队详细分析了江大爷病情，对患者颅内肿瘤的性质、位置、形状等特征进行了深入研究，征求了患者家属的意愿，最后决定为患者实施肿瘤摘除手术。但是因为肿瘤长在大脑的重要功能区，对它的处理能否做到精准、无误将关系到身体各项机能能否正常运行。而且，由于肿瘤体积较大，形状不规则，给切除增加了不小的难度。再加上患者年龄较大，自身身体机能开始衰退，实施开颅这样的大手术对患者的身体素质也是一个巨大的考验。所以，这台需开颅进行的肿瘤摘除手术对患者来说是挽救生命必需的手段，但对张明山来说却是一个巨大的挑战。最终，凭借着张明山高超的技术，持续了 5 个多小时的紧张手术取得了圆满成功，患者的生命得以保全，身体也恢复得非常理想。

从医 10 多年来，张明山先后做了数千台神经外科手术，积累了大量的临床诊疗救治经验，已经成为神经外科领域非常知名的专家。

张明山的专长是神经外科中最复杂、最困难的颅脑肿瘤的治疗，通过多年的临床经验，他发现，由于颅脑肿瘤的复杂性，很大一部分患者会因为患颅脑肿瘤而引发其他的机体病变。为了能够更好地救治患者，张明山积极学习，研究五官、心内等相关领域的医疗知识，力求在自己的手术台上彻底治愈患者，让患者少受罪、少花钱。

随着医疗水平的不断提高和人们健康意识的提升，越来越多的癌症和各种恶性肿瘤可以得到及时、可靠的治疗，患者的生命也得到了延续，但这也带来了新的问题，那就是癌症转移、扩散的风险和概率也比从前大大提高，尤其是转移到脑部的颅脑肿瘤会给患者造成致命的伤害。因为出现转移形成颅脑肿瘤的患者多数已经处于癌症的晚期，所以，这样的患者大多因为治疗难度大、治疗效果不佳而选择保守治疗甚至是放弃治疗。作为医生，面对这样的患者，张明山从来不会想到放弃，而是深入探索医疗难题，帮助他们树立生活的信心，积极争取，给予他们有效的治疗。

曾经有这样一位患者，恶性肿瘤术后效果不理想，肿瘤产生了多处脏器扩散，颅内也发现了扩散，亲属带着患者辗转几家医院都没能得到理想的治疗方案，有的医生直接建议患者放弃治疗。最后，患者慕名来到三博脑科医院，找到了张明山，请求他争取一切可能，尽全力救治。张明山仔细研究了患者的病情，针对患者的实际情况制订了详尽的诊疗方案，决定亲自为患者进行手术。从术后的各项检查和患者的生存状态来看，手术的效果非常理想。后来，患者因肿瘤再次大面积扩散去世之后，患者的女儿还特意来医院找到了张明山，告诉他虽然患者最终还是不幸离世，但因为及时进行了颅内的肿瘤切除术，患者直到去世的前一刻，也一直保持着清醒的意识，令患者和家人深感欣慰。

这个案例也让张明山深刻地认识到，对患者的救治绝不仅仅是延续他们的生命那么简单，而是要争取让每个患者经过治疗，都能继续自己的正常生活，最大限度地赋予他们生存的尊严，只有这样，才能对得起患者和家属的信任。

在人们的印象中，一个医生医术的好坏，主要取决于医生医疗水平的高低。可是作为一名从医 10 多年的医生，张明山却对医道有着独到的理解。他一直认为医术固然重要，但是否怀有一颗医者仁心对医生来讲更加重要，只有把患者当成自己的亲人，全心全意地关心、照顾，才是真正地承担起了医生的责任。

有一位老阿姨，是张明山曾经救治过的患者，她没有什么亲人，唯一的女儿也不在身边。因为住院期间张明山无微不至的照顾，阿姨和他建立了非常好的医患关系。出院之后，阿姨把张明山当成了最亲的人，不管是遇到身体问题还是其他生活问题，阿姨都找张明山，而张明山也从来不会厌烦，不管多忙都会及时为老人解决各种问题，还经常上门看望、照顾阿姨。阿姨的女儿在翻看她手机的时候，发现母亲联系最多的号码不是自己，而是张明山医生。

从成为医生的第一天起，张明山就从来没有忘记曾经立下的誓言，一直潜心钻研医术，认真对待每一台手术、每一位患者，把救死扶伤当成自己毕生的理想与追求。

乔素凯　捍卫国家核安全的首席核燃料师

乔素凯是一位来自山西乡村，看起来朴实、沉稳的普通中年汉子，他的工作和事迹十分特别和令人震撼。他是我国自主培养的第一代核燃料师，在同核燃料打交道的近 30 年里，他凭着高超的技术和严谨认真的工作态度，创造了连续 6 万步操作零失误的中国奇迹。

在大亚湾核电站的最底层，是一个巨大的蓝色蓄水池，这个水池表面看没有什么特殊之处，但当深入水下，就会看到一组组核燃料组件，每组组件当中又整齐排放着一根根核燃料棒，作为核电站的动力来源，令我们感觉神秘而又敬畏的核裂变反应就是在这里发生的。

核燃料是核电站的核心中枢，乔素凯的工作就是维护、保障这个核心中枢的安全生产与运行。所有与核燃料相关的事务，比如核燃料的进出、查验、维修等都是他的工作内容。而这其中最困难、最重要也是最危险的就是更换和维修核燃料组件。

在更新、维修核燃料组件的过程中，乔素凯使用的是一种专业工具。那是一根大约 4 米长的杆子，根据任务的需要，杆子有不同的用途，可以完成各种情形下的松紧螺丝、调节适配器、拆装零件、测量长度等任务。放置核燃料组件的水池要求水质必须高度纯洁，不含一丝杂质，而这样高度纯洁的水在阳光的照射下，因为折射的作用，看起来就会呈现淡淡的蓝色。在这个水池中还要加入一定的硼酸，因为硼酸可以屏蔽核燃料组件产生的辐射。核燃料组件的所有置换、维修等工作都要在这个蓝色水池中进行。

核电站要想保持长时间的安全运行生产，除了平时的日常维护之外，还要每隔一段时间进行一次全面的大修整，这个时间一般是 18 个月。这 18 个月一次的大修，也就成了大亚湾核电站最重要的时刻，在这段时间当中，有30％的核燃料需要更新，而且还要全面排查核燃料组件，产生破损或者存在安全隐患的，要进行全面清理维修。为了平时也能够对核燃料组件水下维护进行训练，大亚湾核电站建设了一个百分之百还原的核燃料水池，乔素凯在这个水池进行了一次模拟演练。

整个演练过程都是在水下完成的，乔素凯熟练运用他手中的杆子，进行着精确的操作。打开核燃料组件的底座这样一个工作，就需要他利用长杆在水下拆除24个螺丝。整个过程对长杆的运用有着极高的精准度要求，只要产生1毫米的误差，螺丝就无法拧上。如果一个螺丝拧不上，就可能造成整组核燃料组件不能准确进入核反应堆，这将产生近千万元的经济损失。想要完美无误地完成这一系列工作，乔素凯必须精准地操作长杆，没有经过日复一日的认真训练是不可能完成的。

核燃料组件如果出现故障或者到达使用寿命，就需要及时维修或者换新。这些工作一旦开始就要一次性完成，中间不能间断，每个班次6个小时，操作过程中不但要求工作人员精力高度集中，而且还不能吃饭、喝水、上洗手间。由于这样的工作要求，每个进入工作区的工作人员都要自己想办法克服困难，乔素凯也不例外。他的办法是喝咖啡，但他喝的是一种特制的超浓咖啡，就是加大咖啡的量而减少冲制咖啡的水量，这样的一杯超浓咖啡既能保证乔素凯有充沛的精神又能避免大量饮水而上洗手间。

核燃料组件的安装运行难免出现突发状况，这种情况下，工作量会大大增加，工作时间也会相应延长。比如在一次核燃料组件的装填过程中，有一根核燃料棒因为不明原因不能正确入位，原本20分钟就能完成的装配步骤，乔素凯和工友们进行了4个多小时。为了使核燃料棒能够准确入位，他们一个个地调整装配顺序，精准地消除以毫米计算的误差，最后终于精确地完成了所有核燃料棒的装配，保障了整个核燃料组件的安全运行。

另一个发生在核燃料组件维修过程中的故事，同样让我们深刻地体会到乔素凯对待工作时那种极度认真的态度。那是一个核燃料组件的维修工作，需要更换出现隐患的核燃料棒。当旧棒被安全取出需要安装新的核燃料棒时，乔素凯和工友们发现新装入的核燃料棒相对于其他的核燃料棒在高度上差了一点，但是误差很小很小，也就是几毫米。有的工友认为这一点点误差不会有什么问题，可以达到生产要求。但是乔素凯却非常"固执"，他坚持认为即使一点点误差，也有可能造成整个组件的安全隐患。他坚定的态度和严谨的分析征服了所有团队成员，新核燃料棒被取出，重新装填。在大家的共同努力下，终于找到了产生这微乎其微高度差的原因，完美地完成了核燃料棒的更换修复。

30年来，靠着高度认真负责的工作态度和高超的业务能力，乔素凯和他的团队为几十台核电机组完成了百余次核燃料的修复和装配任务，做到了令人难以想象而又叹为观止的近30年、6万个步骤零失误。

（三）信仰信念的案例

邓稼先　用一生奉献诠释中国脊梁

邓稼先出生在安徽省怀宁县，家庭文化氛围浓厚，祖父是书法和篆刻名家，父亲是著名学者、哲学教授。1925年，邓稼先随母亲由家乡来到北京，与在京任教的父亲团聚。1935年，他考入北京崇德中学，在那里，他结识了杨振宁，并成为一生好友。

"七七"事变后，邓稼先随家人留在了北京，侵略者的屠刀没有吓倒他，反倒激发了他抗击侵略者的无穷斗志，在那段充满着黑暗与压迫的日子里，他积极参加各种抗日组织。后来，父亲督促他离开北京，跟着大姐去了敌后。在深处敌后的四川，邓稼先继续着他的学业，以优异的成绩考上了在敌后坚持办学的西南联大攻读物理专业。大学期间他依然顽强地参与抗日斗争和反对国民党独裁统治的斗争。1945年，邓稼先完成学业，从西南联大物理系毕业，第二年返回北京，就职于北京大学，担任北京大学物理系教师。

1947年，邓稼先参加了留美深造考试，并顺利通过，获得了美国普渡大学研究生的学习机会。留学期间，他凭借着扎实的物理学基础和刻苦努力，成绩一直名列前茅，不到两年就完成了学业，顺利获得了博士学位。那时的邓稼先才刚满26岁，以他的物理学造诣，如果继续留在美国，不但能够得到满意的工作和科研条件，而且很容易就能过上令人羡慕的生活。但是，年轻的邓稼先牵挂着他的祖国。于是，他毅然决然地放弃了美国的一切，义无反顾地选择了回国，投身于祖国的建设。

1950年8月，邓稼先回到了他无比向往和牵挂的祖国母亲的怀抱，10月就赴中国科学院任职，从事物理学研究，开始为国家的科学研究事业贡献力量。一次，朋友问他从美国带回了什么，朴实的邓稼先自豪地回答，他带回了满满一脑袋的核物理知识。这一脑袋的核物理知识成了中国核物理研究的宝贵财富，邓稼先也成为中华人民共和国第一批核物理学家，他回国后开展的核物理理论研究工作，为中国的核武器研发打下了坚实的基础。

1958年秋天，中国着手开始核武器的研发工作，钱三强找到了邓稼先，征求他的意见，询问他愿不愿意参加这个需要绝对保密甚至与家人"断绝来往"的工作。作为核物理学家，邓稼先十分清楚那将是一项艰苦卓绝的工作，辛苦自不必说，还要忍受与家人分离的痛苦，但是他依然毫不迟疑地答应了，因为他就是怀着坚定的奉献祖国的信念回国的，而这个信念在他的心中从来没有改变过。邓稼先只是简单地同妻子说要调整工作，无法在身边照顾家人和孩子，深怀家国大义的妻子明白，丈夫可能是要参加国家重大保密工作，立刻坚定地支持丈夫的选择。从此，邓稼先就踏上征途，把自己同中国的核武器研发事业紧紧绑在了一起，成了一个真实存在的"隐形人"，全身心地投入核武器研发工作当中。

邓稼先就任二机部第九研究所理论部主任后，立即开展工作，先是选拔了一批政治过硬、能力突出的大学生，带领大家进行资料搜集整理和原子弹模型建造。1956 年，因为中苏分裂，苏联单方面撕毁两国合作协议，从中国撤走了全部专家。这给刚刚起步的原子弹研发工作蒙上了一层厚厚的阴影。但是党中央、毛主席英明决策，决定自力更生，自主研发核武器。邓稼先承担了原子弹的理论设计工作。他一方面鼓舞士气，组织大家继续进行研究；一方面身先士卒，凭着扎实的专业素养和刻苦的钻研精神，解决了一个又一个难题，为中国自主研发原子弹铺平了理论道路，成就了在内无经验、外无支援，同时遭受到国外严密封锁的情况下，成功制造原子弹的奇迹。

中国研发原子弹的那段时间正好赶上三年困难时期，邓稼先带领的原子弹科研团队和全国人民一样，要忍饥挨饿。他们一边要进行繁重的科研攻关工作，一边还要同饥饿做斗争。即便是面对这样的情况，邓稼先依然没有被困难击倒，同事们也都干劲十足，他们忍着饥饿的煎熬，没日没夜地推演、计算，从没有一个人退缩、抱怨。靠着这股子韧劲，邓稼先带领大家在困难时期保持着高昂的斗志，没有因为条件的恶劣耽误一秒钟的工作。在进行脑力劳动的同时，他们还要干大量沉重的体力活，靠着双手一砖一瓦地建起了柏油路、试验场、演示厅……

由于苏联撤回专家并且带走了设计数据和图纸，再加上各种条件都比较艰苦，当时的原子弹研发相当困难。就是在这种情况下，邓稼先勇敢地承担了原子弹设计理论构建的任务。为了做好这个基础性工作，他带着一群铆足干劲的年轻人从零开始，钻研各种核物理理论，没日没夜地整理、消化搜集到的资料，进行自主研发和设计。没有计算机，大家就用最传统的算盘进行了数据量大得惊人的原子弹设计理论计算。有时为了计算一个关键数据，他们计算加上验证要花去几个月的时间，经常是倒班工作，人停算盘不停，房间里一片算盘拨珠声。

邓稼先不但要承担理论设计工作，还要去试验现场领导试验、采集数据。在茫茫戈壁滩，冒着凛冽的寒风和漫天的飞沙走石，他默默地度过了八个春秋，十余次亲赴试验现场指导试验。1964 年 10 月，按照邓稼先主导设计的原子弹设计方案制造的中国第一颗原子弹爆炸成功，在当时的条件下，在如此短的时间内完成制造原子弹的任务，无疑是一项伟大的创举。但是，邓稼先并没有停下脚步，他又紧锣密鼓地组织开始了氢弹的研制工作。不到三年时间，

1967 年 6 月，在邓稼先的带领下，中国的第一颗氢弹爆炸成功。由原子弹到氢弹的跨越，中国用了 2 年 8 个月，而苏联用了 10 年、美国用了 7 年，以邓稼先为代表的"两弹元勋"创造了令全体中国人民振奋的中国速度。

1986 年，邓稼先先生离开了我们，但是他那报效祖国的理想信仰、坚定执着的工作态度和在他身上高度凝练的"两弹一星"精神依然指引和激励着我们。

黄旭华　为祖国"深潜"

1970 年 12 月 26 日，中国的第一艘核潜艇下水。今天，这艘寄托着中国第一代潜艇人壮志与心血的潜艇早已退役，可是已近百岁的他不但没有"退役"，还依然"劈波斩浪"，引领着中国核潜艇事业的不断发展与进步。他就是黄旭华——中国第一代核潜艇总设计师、中国工程院院士、中国船舶重工集团公司第 719 研究所名誉所长。

1937 年冬，广东的一个小村子上演着一部话剧，台上的主角是一位小姑娘，剧情主要是揭露日本侵略者在中国犯下的种种令人发指的侵略行径，演员的表演稍显稚嫩却入木三分，饱满的情绪感染着围观群众，人群中不时发出阵阵心碎的抽噎和振奋的怒吼。

台上小姑娘的扮演者正是少年的黄旭华，那时他虽年幼，但是国家和同胞的苦难已深深地触动了他的心灵，从那时起，他就立志要成为国之栋梁，为祖国的繁荣强盛贡献自己的力量。

随着日本侵略者发动的侵略战争规模不断扩大，整个中华大地陷入战火纷飞的境地，青年的黄旭华随着家人四处逃难，求学生涯也变得支离破碎，先后流离于广东、广西、重庆等地，艰难地完成了中学的学业。黄旭华的父母都是医生，从小受父母的影响，他最初的理想是救死扶伤，成为一名和父母一样的医生。但是，中学时代几经辗转、饱受磨难的艰苦历程，让他看到了国家落后就要挨打的现实。这让他改变了想法，他认为国家的落后首先是国防的落后，要想改变挨打的状况，国家就必须拥有强大的国防力量，这样才能抵御外敌，人民才能安居乐业，免受奴役之苦。青年的黄旭华下定决心，学习科技，造飞机、大炮、战舰，为祖国建立起钢铁长城。

1945 年，胸怀报国之志的黄旭华考入了国立交通大学，也就是今天的上海交通大学学习造船，正式开启了他为国奉献的光辉历程。在校求学期间，黄旭华除了刻苦学习知识、增长本领，也积极参加各种革命活动，逐步接受了马列主义思想，确立了共产主义理想信念。大学毕业前夕，黄旭华光荣地加入了中国共产党，那时是 1949 年，黄旭华的党龄与中华人民共和国同龄。

1958 年，身处上海的黄旭华接到了命令，要求他立刻赶往北京。当时，他并不知道去北京的任务到底是什么，以为是一次普通的出差，带着简单的随身物品就出发了。到了北京之后他才知道，这并不是一次普通的出差，更不是一个普通的任务，而是国家要建造核潜艇，调他来主持设计。从此，黄旭华的名字和中国的核潜艇事业紧紧地联系在了一起。也是从那一刻开始，黄旭华从家人的眼中"消失"，开始了几十年的"深潜"。

那时的国际局势纷繁复杂，各个国家都在不断增强自己的军事力量。1954年，美国依托强大的科技力量成功建造了世界第一艘核潜艇，随后，苏联的核潜艇也于1957年下水。因为采用了核动力，核潜艇的续航能力和巡航速度等关键性能远超常规动力潜艇，这使核潜艇具有无与伦比的战略价值，毛主席就曾说过："核潜艇，一万年也要搞出来！"

于是，中国的核潜艇研发事业在国家最高领导人的坚决推动下开始了。但是，由于美国的技术封锁和苏联的袖手旁观，中国的核潜艇研发只能从零开始。

用黄旭华的话来说，他们作为核潜艇的核心研发人员，却没有一个人见过核潜艇的样子，更别提核潜艇的设计方案了。大家只能千方百计地搜集一切跟核潜艇沾边的信息，从中提取有用的东西，再一点点地拼接、整合，摸索出核潜艇的大致模样。

1962年，因为一些特殊原因，中国的核潜艇项目被迫中断，部分专家和研发人员不得不放下手中难得的设计资料，返回原单位。但是，黄旭华却选择了坚守，一直从事着核潜艇的研发工作。不久之后，中国人自主设计的原子弹爆炸成功，这个消息振奋了全中国的人民，更重要的是，原子弹的成功坚定了国家研制核潜艇的决心，使核潜艇的研发事业迎来了转机。1965年，中断了三年的核潜艇研发工作重启。

在葫芦岛的一处秘密基地，黄旭华和他的同事们再次汇聚在一起，大家开始朝着设计研发中国自己的核潜艇的目标继续奋斗。虽然前期积累了一定的资料，但和整个核潜艇设计数据需求相比，无疑是微不足道的，黄旭华带着大家基本处于摸索的状态。为了尽快完成任务，所有的参与人员都没日没夜地干，饿了就胡乱吃几口干粮，困了就在设计室打个盹，起来继续工作。在这种忘我的努力下，核潜艇的设计工作终于突破了一个又一个技术难题，取得了实质性的进展。

核潜艇的外形设计，作为可以影响核潜艇整体性能的重要因素，是设计方案的重中之重。当时，世界上核潜艇外形设计方案主要有两种：一种是常规线型，设计简单，但性能相对较差；一种是水滴线型，设计复杂，但性能相对较强。率先研发核潜艇的美国采用了一套迂回的办法，那就是先同时建造常规线型核潜艇和水滴线型常规动力潜艇两艘潜艇，积累设计经验和性能数据，再以此为基础，设计建造水滴线型核潜艇。中国核潜艇的外形到底应该采取哪种设计方案，在当时有着较为激烈的争论。根据掌握的数据和资料，经过反复推演和论证，黄旭华果断决定，中国的核潜艇研发可以实现跨越式的目标，跨过常规线型，直接设计性能更加先进的水滴线型。

历经数年在荒岛上的艰难研发，在极端艰苦的条件下，黄旭华和其他研发人员一同克服了数不清的困难，攻克了数不清的难关，终于完成了核潜艇的设计建造工作。1970年12月26日，中国第一艘核潜艇下水。从1958年正式立项，到1970年顺利下水，中间还经历了任务被迫中断，在当时的艰苦条件下，用这么短的时间就实现了自主研发核潜艇的目标，现在看来也是一件令人震撼的伟业。

核潜艇作为重要的战略威慑利器，首先要保证自身的安全，而潜艇最主要的安全防护手段就是深潜。1988年4月29日，中国自主研发的核潜艇完成了第一次深海下潜试验。这是一件极度危险的工作，海面下几百米的海水压力是致命的，任何一个潜艇设计失误或者部件缺陷都足以造成灾难性的后果。

所有参加深潜试验的工作人员都视死如归，但是大家心中也难免紧张。为了鼓舞大家的信心和士气，已经60多岁的黄旭华站了出来，他毅然决定由他这个总设计师亲自率队完成深潜任务。同事们考虑到他的年龄和身体因素，纷纷劝阻，但黄旭华绝不动摇，一定要率队下潜。用他的话说，自己是总设计师，对潜艇的性能是最了解的，由他率队可以及时处理突发状况。而且，这也是他作为总设计师应该完成的使命。经过数小时的下潜，在完成了预定试验目标之后，潜艇经受住了深海的巨大考验，圆满完成了深潜试验。

作为一位自我国第一艘核潜艇设计研发开始至今一直坚守核潜艇事业的第一代总设计师，黄旭华被国人尊为"中国核潜艇之父"，但他从未以功臣自居，而是默默付出，用实际行动践行自己当年立下的献身国防的志向。

（四）严肃精进的案例

盛华　艺无止境，痴迷的京剧脸谱绘制大师

1958年，年仅12岁的盛华因为报纸上的一则招生信息来到了中国戏曲学校学习京剧表演。戏校老师根据他的嗓音等个人条件，让他学习了净行。二年级的时候，因为练习刻苦、表现突出，老师推荐盛华参加了一场学员会演，演出的曲目是《恶虎村》，他扮演濮天雕。那时的盛华唱腔尚可，但是不会自己画脸谱，于是他就找到了白庆祥老师给他勾脸。

白庆祥老师是一位有着几十年京剧表演经验的老艺人，给小学员画个脸谱自然不在话下。勾勾抹抹几分钟之后，白老师就给盛华画完了脸。但是当盛华照着镜子看脸谱的时候，却惊讶地发现白老师只给自己勾了半张脸的脸谱。面

对盛华的迷惑和疑问，白老先生告诉他，作为一个京剧演员，尤其是唱花脸的京剧演员，一定要学会自己勾脸，否则就不能算是一名合格的艺人。盛华只能硬着头皮自己勾，按照白老先生的指点，沿着之前画过的半张脸谱补齐了剩下的半张脸。在白老师手里看似轻松简单的勾脸，真正由盛华自己完成时却是那么的困难，费了九牛二虎之力也只能得到老先生一个差强人意的评价。

这件事极大地刺激了盛华，看着镜子中由他和白老先生共同完成的脸谱，他理解白老先生的良苦用心，认识到了一个京剧演员自己勾画脸谱的重要性。从此，他暗下决心，一定要把画脸谱这门手艺学会、学好。

勾画脸谱需要在模子上刻画，但那个时候条件比较艰苦，物资短缺，连最基本的模子都很难找到。无奈之下，盛华只能从身边的材料入手，寻找模子的替代品。通过不断尝试和探索，他把目标放在了鸡蛋壳上。鸡蛋壳的形状和人脸比较接近，更重要的是，那时鸡蛋虽然也很宝贵但毕竟可以凭票购买，还是能够获取的。对于鸡蛋壳，盛华并不是照单全收，而是经过严格挑选，以达到可以勾画脸谱的要求。他用铁丝做了一个铁圈，用这个铁圈来筛选鸡蛋，太大的和太小的都不要，只有那些大小和形状都合乎要求的他才拿来用。这样看似简单却严格的筛选，保证了鸡蛋壳规格的基本一致，为脸谱的勾画打下了基础。

用鸡蛋壳来刻画、展示京剧人物的脸谱艺术，极大地满足了盛华对无限热爱的京剧事业的追求，更令人钦佩的是，通过持之以恒的练习，他的脸谱勾画技艺不断进步，越来越成熟。勾脸成了盛华的一大乐趣，他一有时间就拿起画笔，在小小的鸡蛋壳上勾画各种各样的京剧人物脸谱。那一个个蛋壳就像一个个神圣的乐园和舞台，盛华就像是舞台上精益求精的演员，尽情地展现着自己的才艺。

传统京剧的失传和京剧艺术在现代社会的逐渐没落更加激发了盛华研究脸谱的意志和决心，他把自己对京剧的感情寄托在脸谱上，也渴望通过自己的努力，挖掘更多的京剧脸谱，为传统京剧的传承和延续贡献自己的力量。从此，盛华更加执着于对勾画脸谱技艺的研究，不但继续坚持练习各种脸谱的绘制，而且搜集了大量资料和书籍，从理论的高度去探索京剧脸谱绘制的奥秘。

在不断钻研脸谱绘制技艺的过程中，盛华得知著名的京剧史论研究专家刘曾复先生是一位卓越的京剧脸谱大师。刘先生的脸谱绘制技艺博采众长，于各派技法都有相当深入的研究，达到了融会贯通的境界，就连梅兰芳先生在世时对他绘制的京剧脸谱也大加赞赏。痴迷于京剧脸谱绘制的盛华对刘曾复先生崇敬有加，对刘先生的脸谱绘制技艺更是佩服万分，自然而然地生出了拜师学艺的想法。

　　1994 年，经人介绍，盛华终于见到了崇拜已久的刘曾复老先生，并且向刘先生表达了求教学艺的想法。在看过了盛华的脸谱作品之后，刘老先生对他的脸谱绘制技艺给予了肯定，但却并没有立即答应他拜师的请求，而是要求考察盛华一段时间。

　　经过近一年的考察之后，盛华终于打动了刘曾复先生，正式收他为徒，传授脸谱绘制技艺。拜师刘老先生之后，盛华对脸谱的理解有了一个很大的提升。在刘老先生的指导下，他的脸谱绘制逐渐从相对简单的刻板描摹走向了能够根据京剧人物特点和情节脉络开拓创新的境界。

　　盛华的脸谱绘制技艺越来越高超，对脸谱的理解也越来越深刻，在大量理论和实践积累的基础上，他出版了专著《中国京剧脸谱图典》。书中展示了数百幅脸谱作品，其中有相当一部分是他通过挖掘各种资料绘制出来的已经被人遗忘的传统脸谱。

　　如今，盛华已经成为京剧脸谱绘制技艺的传承人，曾经的爱好成为他必须肩负的责任。虽然脸谱绘制的技艺越来越精进，但是，他依然在不断地探索，争取为世人展示更多的脸谱艺术，为祖国传统文化艺术贡献力量。

于漪　一辈子做老师，一辈子学做老师

　　于漪，这是一个在语文教育界甚至整个基础教育界都响当当的名字。用一位中学语文老师的话说，一个语文老师可能不知道当地的教育局局长是谁，但是他一定知道于漪，而且一定读过她的书、看过她的课。这并不是夸张，更不是恭维，而是对一位人民教育家的认可与推崇。

　　从教近 70 年的于漪，把自己的一生都奉献给了学生和语文教育事业，教出了数以万计的学生，完成了数千节公开课，撰写了 400 多万字的文章和著作。作为一名语文教师，她获得了无数的荣誉和嘉奖，但是不管什么样的奖励，都没有让她离开心爱的学生和三尺讲台，没有让她对语文教育事业的追求产生丝毫的懈怠，反而激励她朝着更高的目标进发。

　　20 世纪 80 年代，电视机在上海已经不是什么稀罕物了，为了能使于漪的精品课程《海燕》的授课过程更加广泛地传播，让更多人，尤其是各地的语文教师一睹特级教师于漪的风范，上海市教育局决定将公开课《海燕》搬上银幕，进行电视直播。消息一出，整个上海甚至全国的学生、教师和普通观众都为之兴奋，整个中国变成了一个大号的课堂，人们纷纷守在电视机前等着于老师的出现。

　　于漪对待教学的态度从始至终都是谨慎、严肃、认真的，她把自己的青春和生命默默地献给了黑板与讲台，她是用生命在教学，用人生在育人，她用自己的经历和奉献告诉世人和学生什么是教师、什么是教育。在近 70 年的教师

生涯中，她一直恪守着这样的理念，坚守着这样的信念。

为了上好一节45分钟的课，于漪老师会用几倍甚至十几倍的时间去准备，材料要广泛收集，细节要反复琢磨，理念要推陈出新，内容要引人入胜。曾经有一位年轻教师为了学习于漪的教学经验，听了她几千节的课，但是令人震撼的是，这几千节课都没有重复讲过一个雷同的内容，就算是同一篇课文，反复讲过多次，也绝对不会发生两次的内容一样的情况。

要想成为一名好老师，不单要教授学生知识，更重要的是走进学生的内心，主动了解每个学生，这样才能真正成为学生的良师益友。

于漪对每个学生都爱护有加，可有一件事却令她几十年耿耿于怀，每次提及都追悔莫及。那是发生在一位女生身上的事。那位女生有个外号，同学们经常叫这个外号，作为老师的于漪发现之后，严肃批评了那些学生，给大家讲了很多道理。但在一次做操的过程中，这位女生态度散漫，动作随意不认真，任课老师数次点名，一遍一遍地示范指导，可她就是不听，看在眼里的于漪有些着急，一时情急叫出了女生的那个外号。话一出口，于漪就意识到了错误，但为时已晚。过后，于漪马上找到了那个女生，坦诚地向学生承认了错误，并诚挚地向她道歉。

这是于漪第一次也是唯一一次伤害了自己的学生。于漪从不认同以批评、打骂的方式教育学生，她认为那是最苍白的教育，看似老师高高在上，实际上却是作为老师最无能的表现。于漪更愿意以平等的心态走进学生的内心，认真了解学生的所思、所想、所感，以心育人、以情化人。

我国的教师学理论研究起步较晚，直到20世纪80年代，从教育主管部门到一线教师，依然没有一个人进行过科学系统的教师学理论研究。于是，于漪承担起了时代的重任，她在结合中国教师实际情况的基础上，科学融汇了世界先进的教师学理论研究成果，形成了自己的理论体系，连续出版了《现代教师发展丛书》和《现代教师学概论》两部教师学研究著作，填补了中国教师学研究的空白，教育部也把这两部著作作为教师培训的教材，在全国推广使用。

2002年，已经73岁高龄的于漪终于还是离开了自己为之奋斗、求索一生的三尺讲台。虽然离开了教育教学第一线，但是当了一辈子语文老师的她依然放不下心爱的学生和后辈，为了能够帮助青年教师快速成长，她每天坚持写作，还抽出时间参加各种论坛和讲座，把自己一生的教学经验毫无保留地分享给后辈。

2019年，国家主席习近平签署主席令，授予于漪"人民教育家"国家荣誉称号，这份无比崇高的荣誉，既是国家对于漪教育教学成绩的认可，更是老先生一生践行自己"一辈子做老师，一辈子学做老师"理念的应许之果。

（五）责任使命的案例

崔蕴　用生命制造火箭

崔蕴是一名在火箭装配战线工作了近 40 个年头的老兵，他出生于 1961 年，年近退休的他为国家的航天事业奋斗了一辈子，从参加工作开始，他就在航天科技集团一院 211 厂从事火箭装配工作。40 年的职业生涯，崔蕴抱定为祖国航天事业不懈奋斗的使命精神，凭借着极度负责的工作态度和骄人的工作业绩，取得了令人无限钦佩的成绩，先后获得"十佳优秀工人""首席技术专家""全国技术能手"等奖励，2019 年荣获"全国五一劳动奖章"。

崔蕴中等身材，说话不急不缓，看起来平易近人，给人一种特别温暖亲切的感觉。但是这都是他生活中的状态，一旦遇到和火箭装配相关的事情，他就像换了个人似的，立刻严肃认真起来，甚至有的时候特别"较真儿"，令人敬畏。

1990 年 7 月 13 日，对崔蕴来说是一个特殊的日子，为了紧急维修火箭装备，他差一点丢了性命，也是从那一天开始，"拼命三郎"成了他身上的一个特殊的标签。那天，在西昌火箭发射基地，我国第一枚长征二号捆绑式运载火箭进入了发射前的最后准备阶段，一切工作都在有条不紊地进行着。突然，前方传来消息，火箭助推器中氧化剂输送管道的密封圈出现了密闭不严的情况，这种突发状况会导致火箭燃料的外泄，影响火箭的顺利发射甚至造成发射失败，需要立即进行抢修，以确保火箭的安全。因为进入了发射的最后准备阶段，所以火箭已经完成了燃料注入，助推器内满载着火箭推进燃料——四氧化二氮，这种特殊的化学制剂可挥发且具有强腐蚀性，会灼伤皮肤，而一旦随呼吸吸入体内则会对肺部造成伤害，甚至使人窒息死亡。作为抢修队最年轻的队员，崔蕴义无反顾地承担了第一波抢修任务，为了能够抢时间尽快完成抢修任务，他仅做了最简单的防护措施就立即奔赴了现场。

来到故障现场，对火箭结构了如指掌的崔蕴没费劲就找到了出问题的密封圈，立即展开了维修工作。按照维修预案，他需要把相关零件加固以压紧密封圈，阻止燃料的外泄。但是意外的是，由于已经产生了泄漏，密封圈遭到了腐蚀，崔蕴手中的扳手稍一用力，密封圈就产生了断裂，火箭助推器中满载的四氧化二氮在压力的作用下喷涌而出。喷出的四氧化二氮一瞬间就气化为剧毒气体充满了崔蕴所处的空间，由于外泄太快，毒气浓度迅速提高，他携带的滤毒罐在如此高浓度的毒气中已经失去了作用，死神随着毒气迅速接近崔蕴。

但暴露在高浓度毒气当中随时可能会失去生命的崔蕴一直没有放弃对故障的抢修，依然顽强地进行着修复工作，可血肉之躯终究抵挡不了浓烈的毒气，他逐渐失去了意识。但就在他昏迷的时候，崔蕴还是保持着操作器械维修故障的姿势。

昏迷后的崔蕴被立即送往医院急救，但是由于长时间暴露在高浓度的毒气当中，造成他大部分的肺器官受损，随时有生命危险。在医生的全力抢救下，终于保住了崔蕴的生命，整个抢救过程可以说是惊心动魄。用医生的话说："如果再晚一个小时肯定就没命了!"

因为对火箭装配事业的热爱和对自身业务能力的执着追求，崔蕴在不断提升实践操作技能的基础上，孜孜不倦地学习各种火箭设计和装配理论知识。他经常利用有限的休息时间搜集资料、阅读书籍。持之以恒的学习再加上技术的不断进步，逐渐使他成为一名理论基础扎实、实践技能过硬的优秀火箭装配专家，42 岁就成为特级技师。

也许是因为工作压力过大、长期操劳过度，正值壮年的崔蕴突发了脑血栓，不过好在他的身体素质比较好，经过治疗之后很快就康复出院了。出院之后，崔蕴的身体康复情况比较理想，但作为火箭总装技师的他对自己的要求超出常人，他想要绝对健康、灵活的头脑和身体，以达到最好的状态，满足自己对工作的完美追求。为了实现这个目标，崔蕴拼命地锻炼身体，坚持天天用"暴走"的方式运动，通过坚持不懈的锻炼，他的身体逐步得到了恢复。

但是，就在崔蕴的身体不断恢复的时候，他第二次突发脑血栓。因为是二次发病，所以这次的血栓给他的身体造成了很大的伤害，后遗症比较严重，对他的工作造成了严重的影响，甚至他一度以为可能会永远地离开一线岗位。

备受疾病困扰的崔蕴虽然忍受着病魔的折磨，但是从内心深处，他依然渴望着继续他心爱的火箭装配事业，为祖国的航天事业贡献自己的力量。皇天不负有心人，一直期待再次走向火箭总装战场的崔蕴迎来了再次出战的机会。2014 年，中国新型运载火箭开始总装，新型火箭的全新装配要求、大量繁重的装配任务和众多参与人员的协调给总装工作带来巨大的挑战，业务能力过硬、组织能力突出的崔蕴又一次担起了重任。

还没有彻底恢复的身体再加上没日没夜的操劳，崔蕴的身体越来越吃不消，但走上工作岗位的他，就像是上了战场的士兵，眼中只有任务，其他一切都抛在脑后。在一次总装试验的过程中，崔蕴一边组织安装人员现场安装，一边带领技术人员探讨破解难题，还要协调总体安装进度，过度疲劳使他的血压急速飙升，但他仍然咬牙坚持到工作结束。

如今的崔蕴已不再年轻，但他内心依旧澎湃、斗志依旧高涨，火箭总装工作依然是他最放不下的追求，为国家的航天事业继续奉献依然是他最执着的奋斗目标。

王有德　每一抹绿色都浸透赤子情深

　　王有德，宁夏回族自治区灵武市人，1954年出生，是一位有着近40年党龄的老党员，曾担任宁夏灵武白芨滩国家级自然保护区管理局党委书记、局长。这位从小见惯了黄沙肆虐、土地沙化的西北汉子一直把防沙治沙、沙漠绿化作为自己不懈的追求，他带着职工和同事在自然条件极端恶劣的沙漠、戈壁，靠着坚定的毅力和简陋的工具植树造林60多万亩[①]，防风固沙百万余亩，为祖国大西北的生态建设做出了巨大贡献。他于2009年入选"100位新中国成立以来感动中国人物"；2018年12月18日，被党中央、国务院授予"改革先锋"称号，并获评"科学治沙的探路人"；2019年9月17日，被授予"人民楷模"国家荣誉称号。

　　获奖之后，王有德难掩激动的情绪，他激动地表示，几十年的努力只是为了改变家乡的生态环境，为子孙后代造福，并没有想获得什么样的荣誉或者表彰，但国家竟给予自己这么高的荣誉，这是党和国家对植树造林、防沙治沙事业的认可，是对全体生态人的认可，今后会继续把植树治沙的工作干下去。王有德说："这辈子我就干一件事——治沙造林。生命不息，治沙不止。"

　　王有德出生在灵武市马家滩镇，这是一个紧邻毛乌素沙漠的小镇，镇上的居民主要以畜牧养殖为生。曾经的马家滩水草丰茂、牛羊成群，但是不知从什么时候开始，水草一点点变少，风沙一天天变多。每次遇到风沙天，漫天的黄沙就会肆虐，甚至乡亲们的屋子也会被黄沙侵袭，落下满屋的尘土。越来越恶劣的环境影响了人们的生产生活，这片曾经的水草丰美之地再也不能养育生活在那里的乡亲，人们不得不离开故土、迁徙他处。这样的情况深深地刺激了王有德，他从那时就下定决心，一定要改变家乡风沙肆虐的面貌，让养育了世代乡亲的沙漠化土地再次披上绿色的外衣，让蓝天、白云、绿水再次回到乡亲们的身边，让子孙后代能够在有绿水青山的土地上繁衍生息。

　　1976年，参加工作的王有德终于可以实现自己的理想了，年轻的王有德如愿来到了林业系统工作，这是植树造林、沙化治理的第一线。从此以后，王有德就开始了他一生为之奋斗的事业。参加工作之后，因为工作勤奋，王有德很快就从一名普通员工成长为一名林业干部，1985年，他被组织安排担任白芨滩林场副场长。走上领导岗位之后，他开始带着更多人走上植树造林、沙化治理之路。

　　刚来到林场的时候，看到的情景令王有德倍感无力与失望。虽然管辖着大片叫作"林场"的区域，但是实际情况并不比自己的家乡好多少，同样是过度

---

　　① 亩为非法定计量单位，1亩≈667米²。——编者注

砍伐后裸露的沙化严重的土地，同样是时不时就会吹起的遮天蔽日的沙尘。更加令他万般无奈的是林场职工消极的心态，很多职工面对这样恶劣的环境，想的不是怎样去治理和改变，而是如何从这看起来毫无生气的荒原离开。王有德知道，仅仅靠自己是无法治理好这片荒原的，一定要提高起广大林场职工的积极性，只有齐心协力才能制服黄沙。

为了调动林场职工的积极性，让他们安心工作，共同战胜黄沙，王有德想了很多办法。他了解到员工没有斗志的原因除了恶劣的自然条件外，更主要的是陈旧的管理体制使大家没有进取的劲头，整日用消极的态度应付工作。为了改变现状，王有德决定改变管理模式，从制度入手，调动大家的积极性。他调整人事安排，把大量行政人员充实到生产劳动一线；改革工资制度，采取按劳分配的原则，实施了绩效工资制度；他还大胆创新，调动职工的主人翁意识，鼓励职工承包林场的土地，让他们能够在自己承包的土地上实现勤劳致富，增加收入。

为了起到表率作用，王有德自己也冲在一线。不管是种树还是引水，不管是平地还是挖沙，他都抢着参加。在他的带领下，员工们的干劲不断提高，大家也认识到，面对不断侵袭的沙漠，不能一味退缩，而是要发挥人定胜天的精神，与之斗争。

看到职工们的观念一天天地转变，王有德的内心无限欣慰。但是，头脑清醒、视野开阔的王有德没有满足于现状，他在逐步向好的形式下发现了更大的问题，那就是仅仅靠着大家吃苦耐劳地一棵一棵种树、一锹一锹挖沙，是不能彻底治理沙化的，要想战胜沙漠，除了要靠大家的干劲，更重要的是要靠科学、靠创新。于是，王有德又带领大家积极学习各种先进的防沙治沙方法，探索适合当地实际情况的综合治理方案。在科学方法和技术进步的支持下，经过多年的努力，王有德带领职工们陆续开发出了很多行之有效的防沙治沙新方法，如"草方格"水土保持技术、乔灌草结合的树草培植技术、植树造林牧草种植和林牧养殖结合模式等。这些有效的科学方法既达到了植树造林、防沙治沙的目的，又实现了广大林业职工脱贫致富的目标，为全国的水土保持和沙漠化治理提供了很好的借鉴经验。

作为整个白芨滩林场的当家人，王有德不仅长年累月辛劳，和大家一起在荒滩上摸爬滚打，带领大家植树造林、防沙治沙，带着大家集体致富，还像兄长一样关心、帮助每一个林场职工。职工李桂琴，曾经是场里的困难职工，结婚时因为家里没钱，没有置办一件像样的家具。在王有德的关怀帮助下，李桂琴一家如今也走上了致富的道路，搞起了畜牧养殖和果树种植，成了远近闻名的富裕之家。

2014年，到了退休年龄的王有德从领导岗位上退了下来。家人和朋友们都认为为白芨滩林场奋斗了一辈子的老王终于能好好休息休息了。但是王有德却没有停下防沙治沙的脚步，面对林场剩下的几十万亩沙漠荒滩，他觉得自己的使命还没有完成，年轻时立下的志愿还没有彻底实现。年龄大了，没办法冲在一线了，他就带着年轻人干，自己负责组织协调和争取各种资源。退休后的这些年，他带着大家又植树上百万株，把近 5 000 亩的荒滩变成了良田。

面对着近年来获得的诸多荣誉，王有德没有骄傲，相反，他感觉肩上的责任更重了。他依然惦记着一片片没有治理的荒滩，用他自己的话说，他还要一直干下去，还要为家乡的生态建设贡献力量，给后世留下更多的绿水青山。

（六）专注务实的案例

单嘉玖　执着的故宫画医

单嘉玖是一名故宫的书画修复师，在这个平凡的工作岗位上，她已经默默耕耘了 40 个年头。单嘉玖的父亲单士元同样是一位故宫的老员工，在故宫工作了 74 年，把一生都献给了故宫。如今，单嘉玖也追随着父亲的脚步，为故宫书画的修复贡献着自己的力量。

古书画修复是一项非常复杂的工作，对于修复者来说，需要修复的书画作品就像是身患疾病的患者，而修复师本人需要像医生一样，通过"望、闻、问、切"等手段先判断出书画破损的原因，再采取各种古老或现代的方法，千方百计地"治疗"好破损书画身上的各种"疾病"，使历经千百年的古书画恢复原有的光彩，焕发出引人入胜的韵味。

通常，经过书画修复师的精心修复和整理，可以将一幅古书画的生命延长上百年。

故宫收藏的古书画都有着百年甚至千年的历史，岁月的冲刷使这些古书画更加古朴珍贵，但同时也给这些古书画造成了各种各样的"伤病"，如残破、污损、霉变、断裂等，那些长期处于陈列状态的古书画的受损情况会更加复杂。为了使古书画可以更好地保存、更真实地展现出本来的面貌，就要对产生破损的古书画进行修复。

书画修复是一个古老的行当，它的历史可以说和书画的历史一样悠久。中华人民共和国的古书画修复事业是从 1954 年开始的，那一年，国家从全国召集了一批技艺高超的书画修复专家，汇集到故宫，组建了故宫第一支书画修复队伍，开展了对故宫古书画的修复工作。单嘉玖的师傅、曾成功修复名作《五牛图》的孙承枝就是这批专家中的一位佼佼者。1978 年冬天，由于需要扩充书画修复队伍，故宫开始面向社会招收新成员。通过考核之后，单嘉玖被录用了，从那时开始，她就和故宫的古书画修复结下了不解之缘，把毕生的心血都奉献给了心爱的古书画修复事业。

刚上班的单嘉玖并没有立刻接触书画修复，而是从基本功开始，系统地学习书画修复技艺，扎实的基本功训练让单嘉玖受用至今。最开始，单嘉玖练习的是刮。师傅给了她一叠纸、一把马蹄刀，让她用刀把纸上的草棍等杂质刮去，但是刮的过程绝对不能对纸造成破坏。这个看似容易的刮纸，单嘉玖专心地练了3个月才达到师傅的要求。刮过后是刷，就是用刷子在纸上反复地刷，要做到不管怎么刷都不能把纸刷皱，更不能把纸刷破。刷纸看似简单，而且会让人觉得无聊，但是通过长时间的体会，单嘉玖逐渐悟出了其中的门道。刷每张纸的时候都会给她不一样的感觉，纸的韧性和光滑度都能在刷子上体现出来。刷子像产生了魔力一样带着单嘉玖去体会、了解纸的各种特性。渐渐地，师傅的另一层良苦用心也被单嘉玖体会到了，那就是通过这些看似枯燥的基本功训练，培养她作为书画修复师所必需的定力。

几十年来，经单嘉玖之手修复的古书画有很多，但是明代古画《双鹤群禽图》的修复过程至今令她印象深刻。《双鹤群禽图》是创作于明代的国画精品，几经磨难，流出海外，现被德国柏林博物馆收藏。当年，单嘉玖在修复这幅古画的时候，遇到了一个之前从来没有遇到过的问题——画产生了鼓胀的情况，而且这些鼓胀还造成了画作内容的变形，这些复杂情况使古画的修复工作困难重重。细心的单嘉玖没有贸然开始修复，而是仔细地研究古画的各种问题，深入探寻引发各种问题的原因。这幅《双鹤群禽图》此前曾经有过一次被修复的经历，那次修复是由日本的书画修复师完成的。凭借多年的修复经验和深入细致的研究，单嘉玖认为是日本修复师的不当操作造成了古画出现了如此复杂的问题。那位日本修复师使用的修复材料和原画的材质有着不一致的膨胀系数，不同膨胀程度的细微差别在古画长期的存放和展出过程中显现了出来，导致古画的严重受损。后来的研究结论支持了单嘉玖的观点。确定了"病因"之后，单嘉玖又设计"治疗"方案，通过调整画作水含量等方法解决了膨胀问题，顺利完成了古画的修复，达到了预期的效果。

从单嘉玖从事古书画修复工作开始，她就给自己提了一个要求，后来慢慢变成了习惯，那就是每完成一个有代表性的书画修复工作以后，她都会总结整个修复过程，记录每个细节的得失成败，之后形成文字，整理发表。这项工作现在越来越体现出巨大的价值。古书画修复是一项对经验积累有着高要求的工作，而从事的人员又不多，所以，在此行业中每个前辈的每个经验教训的总结，对后来者的进步与提高都显得格外珍贵。

过去的老师傅们在书画修复的过程中，如果遇到了连雨天，就要夜以继日地工作，抢时间、赶工期，为的就是避免潮湿的空气造成古书画作品的霉变。冬天，室内空气燥热，就需要时刻关注古书画作品的湿度情况，及时采取措施，保证整幅作品的干湿均匀，防止古书画的破裂。这些态度和做派一直鞭策着单嘉玖，也正是继承了这些态度和做派，才成就了今天技艺高超的单嘉玖。

如今，故宫古书画修复技艺已经成为国家级非物质文化遗产，单嘉玖也成为这门技艺的传承人。虽年过六旬且已功成名就，但是她一直没有放下为之奋斗的书画修复工作，用她自己的话说，故宫的书画藏品有 10 多万件，其中有大量需要修复的作品，这是几代人都难以完成的工作，所以她要继续给古书画"治病"，用自己的技艺让更多的古书画延续生命、焕发光彩。

车洪才 36 年，国家任务从未忘记

2012 年 4 月，商务印书馆门前来了一位学者模样的老人，他表情严肃，目光坚定，手中提着一个文件袋，这位老人就是中国传媒大学的车洪才教授。那天，他独自一人坐着公交车，穿越半个北京城来到商务印书馆，是为了完成一个历时近 40 年的任务，他袋子中装的是几乎耗尽他半生精力完成的普什图语词典的相关材料。

车洪才走进有着百年历史的商务印书馆，带着厚厚的书稿却不知道该去哪个部门、该找哪位编辑。在了解到他要出书而且是外文书后，门卫告诉他可以去外文编辑部咨询。其实，车教授并不是第一次来商务印书馆，但上一次来还是 30 年前的事情，从那以后，他就再也没有到过这里。

外文编辑室的一位编辑接待了车洪才，他向这位编辑介绍了书稿的基本情况，在听说老教授带来的是耗时 40 年时间才成书的一部 200 多万字的普什图语词典之后，职业的敏感性让这位编辑立刻给予了重视，请来了编辑室主任来接待老先生。

车洪才对编辑室主任讲到，这部书是国家布置给自己的任务，如今书稿完成了，自己也终于能够卸下重担，向党和国家交差了。原来，编写这部普什图语词典是当时国家的一项辞书出版任务，由商务印书馆负责立项组织。后来，编辑在资料室翻阅了当年的档案材料，的确发现了这部书的立项材料，而这个立项是 1978 年的事情，已经过去了近 40 年。

20 世纪 70—80 年代，我国的文化出版业还相对落后，各类书籍都很稀缺，尤其是需要投入大量精力编纂的辞书，更是少之又少，没法满足人民的阅读和科研需求。面对这样的状况，在国家有关部门的指导下，出版界的有识之士们决定组织各个领域的学者专家集中力量，力争在短期内编写一批高水平的辞书，以弥补我国在辞书出版上的不足。于是，1975 年，在广州召开了一次商讨辞书出版的会议，这次会议的主要议题就是计划利用 1975—1985 年这 10 年的时间，组织编写 100 多部各语种中外文词典。

在辞书出版界，在广州召开的这次关于辞书出版的会议被认为是一件具有重大意义的事，这是在我国辞书史上第一次由官方组织的关于辞书编写和出版

的计划、部署会议，通过这次会议的推进，我国的辞书出版事业进入了发展的快车道。根据会议的研究结果，国务院按照各地、各部门的实际情况部署了编写和出版的任务要求。商务印书馆在整个编写计划中承担了大量工作，普什图语之类的小语种汉语词典的编撰任务就由商务印书馆组织完成。

商务印书馆把普什图语词典的编写任务交给了车洪才，车教授是北京广播学院（现中国传媒大学）的教师，当时由于工作需要，抽调到中国国际广播电台的普什图语组。虽然那时的工作非常繁忙，但是车洪才还是义无反顾地接受了这项国家任务。由于普什图语组的工作人员本就不多，大家的工作量又都很大，词典的编写任务主要是由车洪才和他的学生宋强民来承担的。后来，车洪才由中国国际广播电台返回到北京广播学院任教，词典的编写工作他也没有放下，在学校继续进行。这期间，车洪才的同事张敏在工作之余会给他提供些帮助，这样，张敏教授也成了普什图语词典的编写人员。

因为这是我国第一部普什图语汉语词典，所以没有可以借鉴的材料，商务印书馆就给车洪才找了一部从俄文翻译过来的普什图语词典，作为编写的主要参考。随着编写工作的深入开展，车洪才在这部俄文翻译的词典里面发现了大量问题，很多普什图语词汇的语意翻译得并不准确，甚至产生了很大的偏差。所以，俄文翻译的词典只能作为参考材料来使用，并不能拿来作为词典编写的底稿和蓝本。

为了保证词典编写的质量，车洪才对每个单词都仔细揣摩，力求翻译得准确和恰当，他总是把俄文、英文等版本的普什图语词典拿来相互对照、印证，再结合汉语的表达特点来确定词义。

由于国家当时的科研经费有限，车洪才虽然承担着作为国家任务的词典编写工作，却基本没有获得相应的经费支持，更没有额外的报酬。在北京广播学院办公楼的一个小办公室里，一套旧桌椅、一台打字机就是他们全部的办公设备。在词典编写的过程中，由于文字量巨大，为了方便放置编写材料，车洪才把翻译、编辑好的词条一个一个地写在卡片上，这就需要大量的词条卡片。为了省钱，车洪才联系了一家印刷厂，把印刷厂裁剪之后剩下的废纸收集起来制成卡片。

从接受词典编写任务到 1982 年，车洪才把主要精力都投入词典的编纂工作上。在那几年里，他带着助手没日没夜地泡在办公室搜集资料、翻译词条、对比印证、誊写卡片，翻译誊写了 10 多万张词条卡片，这些卡片足足装了 30 多个大木箱。

1982 年，因学校开设新专业，车洪才被安排负责专业论证等相关工作，后来又被派往国外使领馆工作。工作岗位的不断变化使词典的编写工作被迫中断，那装着 10 多万张词条卡片的 30 多个木箱就放在了北京广播学院的办公室里。

几十年里，车洪才和张敏、宋强民等词典的编写人员都几经工作调整，词典的编写工作一直处于停滞状态。2008年，已经退休的车洪才终于有精力继续词典的编写工作，于是，车洪才和张敏两位老人决定把没有完成的工作做完。又经过4年的努力，词典的编写工作终于大体完成。

2015年3月，车洪才教授主编的《普什图语汉语词典》终于正式出版，而这距1978年他接受任务已经过去了近40年。40年来，由于各种原因，已经没人再记得这个国家任务，但是车洪才从来没有想过放弃。可以说，没有车教授40年的坚守，就没有这部辞书的面世。

（七）坚持如一的案例

周东红 传承千年技艺的"捞纸大师"

笔、墨、纸、砚历来是我国文人墨客珍爱的文房四宝，而宣纸就是"纸"中最优秀的代表。因其具有易于保存、柔韧不裂等特点，是国画、书法等艺术创作最为重要的载体。一张合格的宣纸，整个生产过程需要100余道工序，其中最为重要、最能决定宣纸品质的就是捞纸，宣纸的纹理是否细腻、薄厚是否恰当等关键质量衡量指标全取决于捞纸的手艺是否高超。周东红就是一位专注于捞纸手艺30多年的老工匠，因为他捞的纸质量超群，有一大批知名的书画艺术大师非他做的宣纸不用。一位普通的手艺人，凭着30多年对捞纸技艺的坚守，成为远近闻名的"捞纸大师"，成就了不平凡的事业。

捞纸是由两个人配合、共同操作的，两人分别抬起一张大竹帘的一端，在一个装满纸浆的槽子中沾满纸浆，从竹帘上摘下的凝固的纸浆，就成了宣纸的纸坯，这个过程就是捞纸。一个成熟的捞纸工人，要对手中的竹帘和槽中的纸浆了如指掌，对捞出的纸浆重量要心中有数，还要确保每次竹帘捞出的纸浆重量保持一致。捞出一张纸的整个过程也就是几秒钟，但这几秒钟却是决定一张宣纸质量的关键。

捞出的纸坯经过晾干、脱水，每张的重量大概是30克，100张纸叠放在一起，在造纸行里有个专业的术语，叫作一刀。每一刀纸的重量差不能大于50克，也就是说，每张合格的宣纸之间的重量差别必须得控制在1克之内，否则就是残次品。通常来说，一名捞纸工可以把合格率做到70%以上，而周东红的捞纸合格率是令人惊叹的99%以上。现在，周东红每天可以捞出高质量的宣纸1 000多张，这是30多年不断练习、反复操作、熟能生巧的结果。

如今，周东红成了业内公认的捞纸大师，经他手捞出的宣纸成了诸多书画艺术大师竞相购买的抢手货。但这绝不是轻易取得的成就，人们不知道的是，当年的周东红差一点就与捞纸技艺擦肩而过。

1986 年，出于对宣纸的喜爱和对宣纸制造工艺的好奇，已经 18 岁的周东红决定进造纸厂学习宣纸制造。可当他把自己的想法告诉家人之后，全家却没有一个人支持他的决定，因为大家都觉得造宣纸太辛苦，认为他一定会因吃不了苦而半途而废。但周东红没有因为家人的反对而放弃，大家的劝告反倒更加坚定了他学习造宣纸的决心。他极力征得了开宣纸制造厂的舅舅的同意，来到了舅舅的工厂，成为一名宣纸厂的小学徒。

工厂虽然是舅舅开的，但是他却没有得到一丝优待。那段时间，他拼命干活，完成自己的工作任务之后，就站在师傅们身后看着师傅的操作过程，把动作要领默记在心里，再在头脑中一遍一遍地模拟操作。师傅们下班之后，周东红才有机会摸摸那些捞纸的工具，每当手指触摸到捞纸竹帘的时候，他都会无比激动，幻想着自己也可以捞出一张张洁白的宣纸。

由于没有师傅的指导，周东红虽然刻苦自学了捞纸技术，可当他把捞出的纸拿给大家看时，招来的却是一阵阵嘲讽，就连亲舅舅都觉得他捞的纸实在太差，不是干捞纸的料。虽然辛苦自学没有取得成功，但周东红依然没有放弃，他认识到要想真正学会捞纸技术，一定得有师傅的指点，自学、偷师得来的只是皮毛。周东红找到厂里手艺最好的师傅，一遍一遍地哀求，终于打动了师傅，同意收他为徒。

有了师傅的教导，周东红终于学会了捞纸，也加深了他对捞纸手艺的痴迷程度，让他更加刻苦地学习这门古老的手艺。那段日子里，周东红像着了魔一样，拼了命地练习。为了节省时间，他连家都不回，吃住在工厂，脑子里除了捞纸就是捞纸。功夫不负有心人，努力终于换来了师傅和同事们的认可，他终于练成了捞纸的手艺。

手艺初成的兴奋并没有让周东红满足，他心里还有更大的梦想，那就是走进泾县宣纸厂（中国宣纸股份有限公司前身）的车间，因为那里才是真正的宣纸"圣地"，能成为那里的捞纸师傅，才能有机会成为真正的"捞纸大师"。

几经周折，周东红如愿成了泾县宣纸厂的一名捞纸师傅。捞纸师傅的工作是有定量要求的，每天要完成大概 800 张的捞纸任务。这个任务量对于手工操作来说已经很大了，但周东红为了尽快提高自己的捞纸水平，就给自己加量，天天都比别人多干一半。

由于日复一日地重复着捞纸的动作，捞纸师傅基本都会饱受关节炎、颈椎病等职业病之苦，有时候会疼得腰都直不起来。但其实最痛苦的还不是这些，夏天才是捞纸匠人最难过日子。地处安徽的泾县酷暑难耐，捞纸车间里的温度更是高达 40℃。因为生产要求，车间里不能安装空调，捞纸师傅们整天都处于大汗淋漓的状态，双手也会因为长期接触纸浆得不到干燥而溃烂。每到夏天，周东红的手都"惨不忍睹"，基本没有一块完整的皮肤，甚至会溃烂到露出指骨。到了冬天，情况会有所好转，但是手部依然会伤痕累累，红肿、流脓也是常事。但不管是溃烂还是流脓，周东红都不会耽误下水捞纸。有时候遇到低温天气，纸浆会冻冰，周东红就算是凿冰，也一定要下手，目的就是保持捞纸的手感。

如今，已成为"捞纸大师"的周东红手艺越来越精，获得的荣誉越来越多，承担的责任也越来越多。近年来，他多次作为主要成员主持、参加公司的新品研发项目。公司组织成立的捞纸技术传承研发团队，也由他担任负责人。

周东红曾经说过，他之所以能取得今天的成就，靠的并不是过人的天赋，而是对捞纸技艺的热爱和始终如一的坚持与专注。为了能把捞纸这门手艺传承下去，把中国的宣纸文化发扬光大，他会继续为宣纸贡献自己的力量。

同仁堂　百年老字号的固守与坚持

我国知名的老字号——同仁堂历经300年，至今仍在社会上享有很高的声誉。这对一个从清朝康熙初年就创立的企业来说，是个了不起的成就，百年不倒的背后，最重要的就是同仁堂能够坚守当年的信仰，这份信仰用同仁堂的说法叫作"炮制虽繁必不敢省人工，品位虽贵必不敢减物力"，用现代语言来说便是"工匠精神"。

同仁堂是一家延续了300多年的老字号，百年的历程造就了同仁堂厚重的历史，更铸就了同仁堂博大的企业文化。"德、诚、信"是对同仁堂企业文化最凝练、最准确的概括。

德是同仁堂的追求。在创办同仁堂的时候，创始人乐显扬就认为医药是服务人民、救济百姓的重要手段，要求同仁堂承担起与其他企业相比更大的社会责任。这个理念从一开始就注入同仁堂的企业文化当中，成为同仁堂的底色。

诚是同仁堂的自我要求。在科技高度发达的今天，对于医药产品质量的辨别，对人们来说依然是个难题，各种假药新闻时常见诸报端。但创立于清朝的同仁堂却做到了从不卖假药，并且一直坚持到今天。"炮制虽繁必不敢省人工，品位虽贵必不敢减物力"，不但像一条看不见的红线时刻警示着同仁堂人，而且已经成为人们对同仁堂本能信任的来源。

信是同仁堂自觉承担的责任。从创立之初，同仁堂就是宫廷用药的独家供应商，并且持续了近200年，同仁堂至今一直用皇家用药的标准来要求自己。现在，"同仁堂"三个字的内涵已经超越了企业品牌的意义，成为人们眼中诚信和品质的代名词。

洗手是一件人们每天都会做的事情，已经成为我们生活的一部分。但是，可能很少有人能回答这样的问题：手到底应该怎么洗？什么时候洗？什么样的清洗剂可以把手洗得更干净？这些问题，同仁堂的每一名员工都可以准确回答，因为就是洗手这样一件看起来不太重要的小事，同仁堂对自己的员工都有着明确的要求。同仁堂要求所有生产工作人员洗手时必须严格按照"八步洗手法"进行操作，而且每隔两个小时就要用医用酒精对双手进行彻底消毒。从洗手这件事情上，可以看到同仁堂在细节上的极致追求。

随着时代发展和科技进步，百年老字号同仁堂也大量地引入各种先进设备，但是为了保证药品品质，一些重要环节还是采用传统的炮制工艺，坚持传统的人工操作。同仁堂还组织经验丰富的老药工成立专家组，凭借他们多年积累的经验，对仪器的检测结果和生产线生产的产品进行检测，通过古老工艺和现代科技相互结合、相互验证的方式，确保药品的质量。

为广大患者贡献高品质的药品是同仁堂的自身要求，也是对社会的郑重承诺，为了兑现这个承诺，同仁堂一直潜心努力，一丝不苟。有一款药，是小药丸制剂，要求直径5毫米的药丸绝对光滑、圆润，表面不能有任何的凹凸不平。一位老药工薛师傅承担了这个任务。接受任务后，薛师傅立刻开始了研制工作，在接近0℃的冷库里一干就是一天，实在冷得受不了了就靠喝热水取暖。在做了上万个试验药丸，经过反复试验、测试之后，终于做出了连用放大镜都看不出问题的药丸。

从2010年开始，同仁堂每年都会组织员工在同仁堂老铺举行净匾仪式。净，在古代汉语里有"敬"的意思，同仁堂就是要通过清洁牌匾这样仪式性的活动，给广大员工树立牢固的敬畏事业、敬畏患者、敬畏社会的理念，让大家时刻保持敬畏之心。

为了更好地传承同仁堂享誉百年的企业文化，培养员工的工匠精神，同仁堂建立了非物质文化遗产传承中心，对同仁堂的非物质文化遗产进行了挖掘与整理，组织专家编写了同仁堂历史读本和同仁堂文化手册，教育引导广大员工深入了解同仁堂的历史和文化，建立与同仁堂同呼吸、共命运的企业认同感；建立了同仁堂博物馆，通过文字、实物等多种多样的展品，员工可以更加直观地了解同仁堂的百年历史和发展经历。

如今的同仁堂依然保留着传承百年的师徒制度，并在传统的师徒制基础上不断融入新的内涵。近年来，同仁堂相继建立了大师工作室、首席技师工作室和劳模创新工作室等新型师徒传帮带组织，这些形式新颖、结构科学的各类工作室，既发挥了传统师傅带徒弟的手艺传承作用，又起到了建立现代企业人事制度和人员培训制度的作用。由于打破了传统"一对一"的师徒授业模式的局限，各类工作室近年来培养了大批合格人才，极大增加了同仁堂的人才储备。现在，同仁堂的各个传统制作工艺都有几个批次的传承人在学习、继承传统工艺，这是保证连续生产数百年的高品质同仁堂药品继续造福人民的根本。

如今，经过不断发展，同仁堂已经在世界各地建立了数百家药店，国外有近亿人得到了同仁堂医药制品的帮助，使更多的人认识了同仁堂，了解了中医、中药。

广大的国人和国际友人信任同仁堂，不仅仅是因为亲身受益于同仁堂的各种医药制品的切实疗效，更重要的是，大家看到了数百年来同仁堂对工匠精神的坚守与执着。只要这种匠心一直传承下去，同仁堂的金字招牌就会一直灿烂、辉煌。

（八）创新创造的案例

黄贵松　为触控显示屏贴上"中国制造"

黄松贵，汕头超声电子集团工程师。20年前，他从汕头大学物理系毕业，来到汕头超声电子集团，成为一名设计师。从那时开始，这名心怀奋斗、创新理想的年轻人就一直从事显示屏的设计、研发工作，一干就是几十年。黄松贵带领着他的团队不断奋斗、进取，以产品的研发、创新为使命，攻克了一个又一个技术难题，为我国的触控显示屏制造工业走向国际领先水平做出了巨大贡献。

1999年，年轻的黄松贵大学毕业后，在汕头超声电子集团开始了自己的职业生涯，在液晶显示屏的开发利用领域一干就是20年。为了能尽快掌握相关技术知识和器具运用要求，他总是投身生产、研发一线，勤学多问，虚心请教学习。仅仅半年之后，黄贵松就迅速成长起来，由一个新入职的"毛头小子"成为一名合格的工艺工程师，而且组建了自己的研发团队，在触摸屏创新研发领域快步前进。

我国的触控屏技术起步较晚，尤其是在核心技术上落后于发达国家。面对这样的现实，黄贵松没有退缩，他几十年如一日，埋头苦干，反复试验论证，用刻苦努力和不断创新攻克了一个又一个技术难关。比如如今已经得到广泛应用的超声集团生产的车载电容屏，就是他带领团队成员，在原有技术的基础上融入新的设计理念和创新技术开发出来的，又经过反复试验达到了量产要求，为企业创造出新拳头产品和利润增长点。

参加工作以来，因为工作刻苦、业绩突出，带领团队取得了大量技术成果，黄贵松先后荣获"汕头市科技进步一等奖""广东省科技进步二等奖""优秀创新创业团队"等奖励。

2010年4月，这是一个对黄松贵和他的团队乃至我们国家的触控显示屏产业来说都是十分重大的历史时刻。经过不懈努力，黄松贵带领着他的团队终于成功生产出我国第一块电容式触控屏，一举打破了国外的技术垄断，填补了我国触控显示屏产业在电容触控屏上的空白。

2007年，美国苹果公司上市了一款划时代的手机产品——iPhone，这代

iPhone 最大的亮点就是采用了电容式触控显示屏，大大提升了用户的使用体验，而当时国内还没有一家企业可以制造这种新型显示屏。这样的现实极大地刺激了以创新创造著称的黄松贵，他决定主动请战，带领自己的团队进入这个全新的显示屏技术领域，制造我们自己的电容触控屏。

回忆起当时的艰难研发历程，黄贵松至今仍然难以掩饰激动的心情。他说，那时候团队所有人都干劲十足，没日没夜地加班，公司上下也都全力支持，大家都奔着目标努力往前冲。国外技术严格保密，没有现成的经验可以借鉴，那就从零开始；苹果公司的技术有专利保护，那就另辟蹊径，探索自己的技术路线。经过艰苦努力，终于用了两年时间实现了技术突破，开发出拥有自主知识产权的电容触控显示屏。

现在，由黄贵松团队研发的电容触控显示屏已经可以批量生产，产品质量不断提高，已经能够达到德国高端家电的质量要求，应用场景和市场占有率不断提高。

攻克了用于手机的电容触控屏之后，黄贵松并没有就此满足，他带领着他的创新团队又把目标瞄准了对技术要求更高的高端家电、汽车仪表等更广泛、更尖端也更具附加值的其他产品上。2015 年，超声电子集团在注意到电容触控屏在手机上的应用已经趋于成熟、市场需求趋于饱和的情况下，及时调整生产策略，把战略目标转移到开发能够产生更大效益的车用电容触控屏上，黄贵松又一次接过了研发创新的任务。在总结前期技术经验的基础上，他不断创新开发思路和设计理念，使电容触控屏的技术参数不断提高，在攻克了稳定性、精准度、耐用性等一系列技术难题之后，终于在全行业中率先通过了客户苛刻的产品检测，得到了国产汽车企业的认可，进而又征服了国外车企，将中国制造的电容触控屏安装到国外品牌的汽车上。

一步一个脚印地走过了 20 年，在创新创造的路上，黄贵松和他的团队从未停止过脚步。随着一个个技术难题的破解和创新成果的取得，他的信心更足了。现在他已开始研发面向未来的 3D 触控显示屏，正朝着在触控显示屏领域实现世界领先的宏伟目标进发。

李斌 扛起企业创新的大旗

李斌，这是一个在上海电气集团响当当的名字，一提起他，没有人不竖起大拇指。这位土生土长的上海人，从参加工作开始就一直坚守一线，从一名普通工人一步步成长为数控机床大行家、技术创新带头人。他的技术创新给企业节约了大量成本，创造了数千万元的价值。多年来，他先后多次获得"国家科学技术进步二等奖""全国劳动模范"等表彰奖励，还成为国务院特殊津贴获得者。他是党的十六大、十七大代表。2017 年，被选为党的十九大代表。

李斌对于创新和坚守的理解非常简单，但是也令人感到朴实与担当。他曾经这样说过："创新就是要在别人去想之前，我早想一步；奉献就是要在别人去干之前，我先干一步。"这是他工作以来对自己的要求，更是他一直恪守的准则。这句话一直激励和鞭策着他，在平凡的岗位上兢兢业业地工作，勤奋进取，不断开拓创新。

1980 年，李斌从技工学校毕业，被分配到上海液压泵厂，成了一名普通的工人。那时的李斌看着巨大厂房里面一排排的机器，心里充满兴奋，但更多的是紧张，因为眼前的机器很多是他第一次见到，更不知道如何操作。于是，年轻的李斌开始了刻苦的学习，别人下班了，他不走，依然泡在厂里研究机器、琢磨技术。凭借着不懈的努力，进厂短短两三年时间，他把机床操作的所有技术都学会了，可以单独完成重要的机械加工任务。技校毕业的李斌深知学习的重要，为了提升自己的科学文化水平和专业理论水平，他报考了上海电视大学，被成功录取。大学的学习极大提升了李斌的技术理论素养，对他的实际施工操作起到了巨大的推动作用。

改革开放之后，厂里为了适应社会和市场需求，上马了数控机床。但是，当时国内刚刚引进数控机床，能熟练操作的工人很少，这方面的专家更是凤毛麟角。为了尽快掌握数控机床的操作技能，厂里决定派工人到国外学习先进经验，当时已经是技术能手而且热衷学习和创新的李斌获得了这次机会。

到了国外的工厂之后，国外的技术专家对他嗤之以鼻，认为中国工人加工的零件都是残次品。外国人的态度深深刺激了李斌，但他也冷静地看到了自己跟国外高水平技工的差距，这使他格外珍惜这次出国学习的机会。按照惯例，李斌只能接触到最初级的操作方法，那些更深层次的理论、技巧和诀窍，外国人是不会教他们的。但是李斌没有安于现状，他想尽各种方法偷偷地向外国人"偷师"，看不懂的他就记下来，事后再一遍一遍地琢磨，听不懂的就带着字典现场翻译。最终，李斌硬是半自学、半"偷师"地学会了数控机床的整套操作技术。回国后，李斌成了我国第一批可以熟练操作数控机床的技术工人。

30 多年来，不管获得什么样的荣誉，也不管身处什么样的岗位，李斌一直坚守在车间的生产一线。每天他都准时来到厂区，巡视机器，检查产品质量，帮年轻的工人破解技术难题。这样的操劳，周围人都很不理解，认为他根本不必事事亲力亲为，但李斌却不这么想，他一直认为生产一线才是他的最爱，只有在一线，才能更好地实现他的理想与价值。

参加工作以来，李斌一直身处一线，他对实际的生产状况最为了解，这为他长期坚持立足生产实际创新创造提供了条件。李斌共完成数控编程 1 600 多个，工艺改进 230 多项，直接创造经济效益 1 000 多万元；成功开发了 5 种类型、17 台进口设备的加工功能；完成产品攻关 57 项；自制刀具替代进口，节约外汇 20 多万美元，为企业创造了 2 200 多万元的经济效益。作为创新的带头人，李斌还在产品质量攻关、产品技术攻关上取得了显著成就。

如今的李斌是整个集团的技术能手，已经成了全国知名的数控机床技术专家，成了新时代技术工人的优秀代表，是技术工人岗位创新的领路者和带头人。

2007 年，为了培养更多的技术骨干，整合人才优势开展科技创新，上海市成立了以李斌命名的"李斌数控技术工作室"。工作室的成员既有一线技术工人又有工程技术专家，大家在李斌的带领下，从实际问题出发，共同致力于数控技术创新，解决生产实践中的各种技术困难和产品创新研发。在李斌的带领下，工作室在中国液压气动领域屡获创新突破，全面开发了高技术含量的 6 系列定量马达和 6 系列、7 系列、8 系列以及 11 系列的变量泵、变量马达。

2009 年，上海电气集团成立了"李斌技术中心"，随后又建立了"李斌技术中心"的试制车间，作为"李斌技术中心"的创新研发试验基地。

工作室、技术中心、试制车间相互依托、有机结合，发挥了巨大的创新引领作用，形成了一个以李斌为旗帜的创新大团队。

总之，培育工匠精神、打造大国工匠是一个系统工程，需要从国家角度进行顶层设计，制定政策制度，提高工匠地位；从社会角度，营造有利于工匠成长、成才的环境，尊重工匠的身份，树立职业平等的观念；企业要尊重工匠的劳动，给予合理的劳动报酬，提高工匠的积极性；学校要把工匠精神融入人才培养的全过程，坚持立德树人，为社会输送高质量的能工巧匠。

参考文献

巴里·施瓦茨，2016. 你为什么而工作[M]. 北京：中信出版集团.

苍中洪，2017. 工匠精神的当代价值与职业教育的传承创新[J]. 能源技术与管理（6）：12-15.

曹顺妮，2016. 工匠精神　开启中国精造时代[M]. 北京：机械工业出版社.

陈润，2016. 德国工业两百年：工匠精神永不磨灭[J]. 中国工人（8）：18-20.

戴晓阳，2014. 常用心理评估量表[M]. 北京：人民军医出版社.

稻盛和夫，山中伸弥，2014. 匠人匠心：愚直的坚持[M]. 北京：机械工业出版社.

冯雅令，2017. 师徒制中的工匠精神[N]. 人民邮电，2017-12-07.

福西耶，2007. 中世纪劳动史[M]. 上海：上海人民出版社.

付守永，2013. 工匠精神：向价值型员工进化[M]. 北京：中华工商联合出版社.

根岸康雄，2015. 工匠精神[M]. 北京：东方出版社.

古川安，2011. 科学的社会史[M]. 北京：科学出版社.

管克江，2015. 德国的百年老店与工匠精神[N]. 人民日报，2015-03-24.

关育兵，2016. 工匠精神要从培养劳动习惯做起[J]. 中国职工教育（4）：64.

郭峰民，2016. 工匠精神[M]. 北京：中国工信出版社.

郭慧，2017. "工匠精神"融入高职院校思想政治理论课教学研究[J]. 佳木斯职业学院学报（12）：167-169.

何伟，李丽，2017. 新常态下职业教育中"工匠精神"培育研究[J]. 职业技术教育（4）：24-29.

鸿智博，2016. 带着工匠精神去工作[M]. 北京：企业管理出版社.

经理人培训项目编写组，2010. 培训游戏全案[M]. 北京：机械工业出版社.

理查德·桑内特，2015. 匠人[M]. 上海：上海译文出版社.

李宏伟，别应龙，2015. 工匠精神的历史传承与当代培育[J]. 自然辩证法研究（8）：54-59.

李科举，2017. 高职学生工匠精神培养路径研究[J]. 现代交际（24）：5-6.

李梦卿，任寰，2016. 技能型人才"工匠精神"培养：诉求、价值与路径[J]. 教育发展研究（11）：66-71.

李尚君，2013. 劳作与古希腊社会[J]. 上海师范大学学报（哲学社会科学版）（6）：101-110.

李淑玲，2016. 工匠精神：敬业兴企　匠心筑梦[M]. 北京：企业管理出版社.

李薇，2018. 高职教育培养学生工匠精神的路径研究[J]. 科技风（4）：31-32.

李砚祖，2016. 工匠精神与创造精致[J]. 装饰，277（5）：14-16.

厉以宁，2015. 欧洲经济史教程[M]. 北京：中国人民大学出版社.

李云飞，2017. 职业教育中"工匠精神"的缺失、回归与重塑[J]. 高等职业教育探索，16
（3）：34-38.

李贞祥，2018. 基于工匠精神引领的校企多文化融合路径探析[J]. 职业（2）：22-23.

刘敏，2016. 工匠精神：让工作成为一种修行[M]. 北京：中国言实出版社.

刘明明，2017. 现代学徒制人才培养模式下"工匠精神"培育研究[J]. 科学大众：科学教育
（2）：159.

刘卫红，2017. 培育和弘扬工匠精神的现实必要性及着力点[J]. 北京市工会干部学院学报
（4）：23-27.

刘志彪，2016. 工匠精神、工匠制度和工匠文化[J]. 青年记者（16）：9-10.

鲁贵卿，2016. 建立培育"工匠精神"的长效机制[J]. 施工企业管理，332（4）：49.

马修·克劳福，2014. 摩托车修理店　未来工作哲学：让工匠精神回归[M]. 杭州：浙江人
民出版社.

聂红，2015. 劳模精神对高校校园文化构建的价值及对策研究[J]. 法制博览（33）：81-82.

潘竞男，2017. 从时代需求看"工匠精神"的培育路径[J]. 国家治理，127（7）：27-33.

蒲琳，2016. 日本和德国缘何没有丢失工匠精神[J]. 新民周刊（22）：24-27.

前川洋一郎，2017. 匠心老铺[M]. 北京：人民邮电出版社.

钱穆，2012. 中国历史精神[M]. 北京：九州出版社.

秋山利辉，2015. 匠人精神　一流人才育成的30条法则[M]. 北京：中信出版社.

史俊，2016. 工匠、工匠精神、工匠文化[J]. 思想政治课研究（4）：70-74.

宋犀堃，2016. 工匠精神企业制胜的真谛[M]. 北京：新华出版社.

田蕾，2017. 试论工匠精神融入大学生思想政治教育的有效路径[J]. 文化创新比较研究
（23）：16-18.

万静，2018. 弘扬劳模精神和工匠精神是高校的职责[N]. 工人日报，2018-01-02.

王芳，曹云峰，2017. 工匠精神在大学生思想政治教育中的价值内涵及培育路径[J]. 继续
教育研究（12）：95-96.

王焕成，2017. 新时期工匠精神与职业精神的内涵及其密切关系探析[J]. 现代职业教育
（36）：80-81.

王京生，2016. 工匠精神三论[J]. 中国文化报（5）：5.

王蓉霞，2017. 工匠精神融入高校思想政治教育的实践探索[J]. 学校党建与思想教育（12）：
56-58.

王兴立，2017. 试析工匠精神的生成规律与培育路径[J]. 新西部（34）：92-93.

韦伯，2010. 经济与社会[M]. 上海：上海人民出版社.

魏会超，2017. 基于"工匠精神"理念的职业教育内容与实施路径探究[J]. 南方职业教育
学刊（6）：27-32.

肖群忠，刘永春，2015. 工匠精神及其当代价值[J]. 湖南社会科学（6）：6-10.

谢净，姜玖志，2017. 弘扬工匠精神　培育技能领军人才[J]. 石油人力资源，2（2）：30-33.

薛栋，2016. 中国工匠精神研究[J]. 职业技术教育（25）：8-12.

学习型员工素质建设工程教研中心，2016. 传承工匠精神争做优秀员工[M]. 北京：企业管理出版社.

亚克力·福奇，2014. 工匠精神 缔造伟大传奇的重要力量[M]. 杭州：浙江人民出版社.

杨红荃，苏维，2016. 基于现代学徒制的当代"工匠精神"培育研究[J]. 职教论坛（6）：27-32.

杨萌，2017. 职业教育培育工匠精神的研究现状与反思[J]. 教育科学论坛（12）：25-29.

杨敏毅，鞠瑞利，2009. 学校团体心理游戏教程与案例[M]. 上海：上海科学普及出版社.

姚计忠，2017. 培育工匠精神的探索与实践[N]. 太原日报，2017-12-29.

叶美兰，陈桂香，2016. 工匠精神的当代价值意蕴及其实现路径的选择[J]. 高教探索（10）：27-31.

尹慧，2018. 工匠精神的哲学意蕴与现代表达[J]. 教育学术月刊（1）：16-23.

张传东，2017. 对引导大学生"工匠精神"养成的思考[J]. 山西农经（21）：32.

张大均，邓卓明，2004. 大学生心理健康教育：诊断·训练·适应·发展. [M]. 重庆：西南师范大学出版社.

赵洪兵，2017. 高校应用型人才"工匠精神"的培育[J]. 中国成人教育（24）：89-91.

赵慧，2017. 工匠精神融入高职校园文化的路径研究[J]. 职教论坛（17）：36-40.

赵秋爽，2018. 工匠精神融入高校思想政治教育的实践探索[J]. 黑龙江生态工程职业学院学报（1）：122-124.

郑一群，2016. 工匠精神卓越员工的十项修炼[M]. 北京：新华出版社.

种青，2016. 工匠精神是怎样练成的[M]. 北京：人民邮电出版社.

周春晓，汪宏，2018. 技近乎艺的工匠精神内涵探析[J]. 重庆电子工程职业学院学报，27（1）：77-80.

朱珺，李主国，2017. 创新教学方法 培育"工匠精神"：以高职光纤通信技术课程改革为例[J]. 河北软件职业技术学院学报（3）：46-48.

庄西真，2017. 多维视角下的工匠精神：内涵剖析与解读[J]. 中国高教研究，674（22）：92-97.

SABRINA C，MARGRIET H，2013. Artisans and religious reading in late medieval Italy and Northern France [M]. Carolina：Duke University Press.

附录　相关量表和问卷

附录 1　WVI 职业价值观测试量表

WVI 职业价值观测试量表是美国心理学家舒伯于 1970 年编制的，用来衡量价值观（工作中和工作以外的）以及激励人们的工作目标。量表将职业价值分为三个维度：一是内在价值观，即与职业本身性质有关的因素；二是外在价值观，即与职业性质有关的外部因素；三是外在报酬。共计 13 项价值观，分别是利他主义、美感、智力刺激、成就感、独立性、社会地位、管理、经济报酬、社会交际、安全感、舒适、人际关系、变异性或追求新意。

1. 指导语　下面有 52 道题目（附表 1-1），每个题目都有 5 个备选答案（A. 非常重要；B. 比较重要；C. 一般；D. 较不重要；E. 很不重要），请根据自己的实际情况或想法，在题目后面选出相应字母，每题只能选择一个答案。通过测验，你可以大致了解自己的职业价值观念倾向。

附表 1-1　WVI 工作价值观量表

	A	B	C	D	E
（1）你的工作必须经常解决新的问题					
（2）你的工作能为社会福利带来看得见的效果					
（3）你的工作奖金很高					
（4）你的工作内容经常变换					
（5）你能在你的工作范围内自由发挥					
（6）工作能使你的同学、朋友非常羡慕你					
（7）工作带有艺术性					
（8）你的工作能使人感觉到你是团体中的一分子					
（9）不论你怎么干，你总能和大多数人一样晋级和涨工资					
（10）你的工作使你有可能经常变换工作地点、场所或方式					
（11）在工作中你能接触到各种不同的人					
（12）你的工作上下班时间比较随便、自由					
（13）你的工作使你不断获得成功的感觉					
（14）你的工作赋予你高于别人的权力					

（15）在工作中你能试行一些自己的新想法				
（16）在工作中你不会因为身体或能力等因素，被人瞧不起				
（17）你能从工作的成果中，知道自己做得不错				
（18）你的工作经常要外出，参加各种集会和活动				
（19）只要你干上这份工作，就不会被调到其他意想不到的单位和工种上去				
（20）你的工作能使世界更美丽				
（21）在你的工作中，不会有人常来打扰你				
（22）只要努力，你的工资会高于其他同年龄的人，升职或涨工资的可能性比干其他工作大得多				
（23）你的工作是一项对智力的挑战				
（24）你的工作要求你把一些事务管理得井井有条				
（25）你的工作单位有舒适的休息室、更衣室、浴室及其他设备				
（26）你的工作有可能结识各行各业的知名人物				
（27）在你的工作中，能和同事建立良好的关系				
（28）在别人眼中，你的工作是很重要的				
（29）在工作中你经常接触到新鲜的事物				
（30）你的工作使你能常常帮助别人				
（31）你在工作单位中，有可能经常变换工作				
（32）你的作风使你被别人尊重				
（33）同事和领导人品较好，相处比较随便				
（34）你的工作会使许多人认识你				
（35）你的工作场所很好，比如有适度的灯光，安静、清洁的工作环境，甚至恒温、恒湿等优越的条件				
（36）在工作中，你为他人服务，使他人感到很满意，你自己也很高兴				
（37）你的工作需要计划和组织别人的工作				
（38）你的工作需要敏锐的思考				
（39）你的工作可以使你获得较多的额外收入，比如：常发实物、能购买打折的商品、常发商品的提货券、有机会购买进口货等				
（40）在工作中你是不受别人差遣的				
（41）你的工作结果应该是一种艺术而不是一般的产品				
（42）在工作中不必担心会因为所做的事情领导不满意，而受到训斥或经济惩罚				

（续）

（43）在你的工作中能和领导有融洽的关系				
（44）你可以看见你的努力工作的成果				
（45）在工作中常常要你提出许多新的想法				
（46）由于你的工作，经常有许多人来感谢你				
（47）你的工作成果常常能得到上级、同事或社会的肯定				
（48）在工作中，你可能做一个负责人，虽然可能只领导少数几个人，你信奉"宁做兵头，不做将尾"的俗语				
（49）你从事的工作，经常在报刊、电视中被提到，因而在人们的心目中很有地位				
（50）你的工作有可观的夜班费、加班费、保健费或营养费				
（51）你的工作比较轻松，精神上也不紧张				
（52）你的工作需要和影视、戏剧、音乐、美术、文学等艺术打交道				

2. 评分与评价 上面的 52 道题分别代表 13 项工作价值观。每个 A 得 5 分、B 得 4 分、C 得 3 分、D 得 2 分、E 得 1 分。请你根据评价表（附表 1-2）中每一项前面的题号，计算一下每一项的得分总数，并把它填在每一项的得分栏上。然后在表格下面依次列出得分最高和最低的三项。

附表 1-2 评价表

题号	得分	价值观	说　明
（2）、（30）、（36）、（46）		利他主义	工作的目的和价值，在于直接为大众的幸福和利益尽一份力
（7）、（20）、（41）、（52）		美感	工作的目的和价值，在于能不断地追求美的东西，得到美感的享受
（1）、（23）、（38）、（45）		智力刺激	工作的目的和价值，在于不断进行智力的操作，动脑思考，学习以及探索新事物，解决新问题
（13）、（17）、（44）、（47）		成就感	工作的目的和价值，在于不断创新，不断取得成就，不断得到领导与同事的赞扬，或不断实现自己想要做的事
（5）、（15）、（21）、（40）		独立性	工作的目的和价值，在于能充分发挥自己的独立性和主动性，按自己的方式、步调或想法去做，不受他人的干扰
（6）、（28）、（32）、（49）		社会地位	工作的目的和价值，在于所从事的工作在人们的心目中有较高的社会地位，从而使自己得到人的重视与尊敬
（14）、（24）、（37）、（48）		管理	工作的目的和价值，在于获得对他人或某事物的管理支配权，能指挥和调遣一定范围内的人或事物

题号	得分	价值观	说　明
(3)，(22)，(39)，(50)		经济报酬	工作的目的和价值，在于获得优厚的报酬，使自己有足够的财力去获得自己想要的东西，使生活过得较为富足
(11)，(18)，(26)，(34)		社会交际	工作的目的和价值，在于能和各种人交往，建立比较广泛的社会联系和关系，甚至能和知名人物结识
(9)，(16)，(19)，(42)		安全感	不管自己能力怎样，希望在工作中有一个安稳局面，不会因为奖金、涨工资、调动工作或领导训斥等经常提心吊胆、心烦意乱
(12)，(25)，(35)，(51)		舒适	希望能将工作作为一种消遣、休息或享受的形式，追求比较舒适、轻松、自由、优越的工作条件和环境
(8)，(27)，(33)，(43)		人际关系	希望一起工作的大多数同事和领导人品较好，相处在一起感到愉快、自然，认为这就是很有价值的事，是一种极大的满足
(4)，(10)，(29)，(31)		变异性或追求新意	希望工作的内容应该经常变换，使工作和生活显得丰富多彩，不单调枯燥

　　得分最高的三项是：①　　　　　；　②　　　　　；　③　　　　　。
　　得分最低的三项是：①　　　　　；　②　　　　　；　③　　　　　。
　　从得分最高和最低的三项中，可以大致看出你的价值倾向，在选择职业时可以加以考虑。

附录 2　工匠精神调查问卷

　　您是否了解工匠精神，您眼中的工匠精神是什么？为了传承和发扬大国的工匠精神，制作一份调查问卷，请您按照您的真实情况填写，非常感谢。

第一部分　工匠精神的认知调查

1. 您看过大国工匠节目吗？

A. 看过，印象深刻　　　B. 看过，没什么感觉　　C. 完全没看过

2. 您是否关注过工匠精神？

A. 从不关注　　　　　B. 不是很关注　　　　　C. 无所谓

D. 有一定的关注　　　E. 十分关注

3. 您认为工匠精神应该是：【多选】

A. 高超精湛的技艺　　B. 严谨细致认真负责　　C. 精雕细琢精益求精

D. 有社会责任感　　　E. 淡泊名利　　　　　　F. 不屈不挠艰苦奋斗

G. 其他

4. 您认为工匠精神最重要的方面是什么？

A. 高超精湛的技艺　　B. 严谨细致认真负责　　C. 精雕细琢精益求精

D. 有社会责任感　　　E. 淡泊名利　　　　　　F. 不屈不挠艰苦奋斗

G. 其他

5. 您通过怎样的方式了解工匠精神？【多选】

A. 朋友之间的交谈　　B. 微信朋友圈的转发　　C. 家庭的耳濡目染

D. 学校知识的传授　　E. 单位或者企业的宣传　F. 报纸

G. 广播电视　　　　　H. 微博

6. 您认为在工业大规模生产的背景下，工匠精神在这个时代还有意义吗？

A. 完全没有意义　　　B. 稍有点过时　　　　　C. 无所谓

D. 还是有一定积极面　E. 非常值得发扬

7. 您觉得传统的工匠需要社会的保护吗？

A. 完全没必要　　　　B. 可以不怎么保护　　　C. 无所谓

D. 还是有一定需要的　E. 非常需要

8. 您认为工匠精神经常表现在哪些行业？【多选】

A. 高价的奢侈品行业　B. 新兴的科技行业　　　C. 传统的手工艺行业

D. 落后的旧产业　　　E. 电子信息行业

9. 您认为现代社会中工匠精神的存在现状如何？

A. 现在仍然有非常多的工匠坚守着工匠精神

B. 只有出名的工匠才会坚持工匠精神

C. 年纪很大的工匠往往会秉持工匠精神

D. 工匠精神几乎绝灭了

10. 您认为工匠精神对您的学习、工作和生活有意义吗？

A. 有　　　　　　　B. 意义不大　　　　　C. 根本没有

11. 您认为每个社会成员都需要工匠精神吗？

A. 是的，工匠精神应当被所有人学习

B. 不是，只有部分科研人员、技术人员或者手艺人需要

C. 不是，只有部分职业需要

D. 我不清楚工匠精神的意思

12. 您认为现在工匠精神这一理念值得宣扬吗？

A. 非常值得宣扬　　　B. 值得宣扬，但只需要任其自然传承即可

C. 不值得宣扬

13. 您认为现在整个社会的工匠精神现状是怎样的？

A. 很好　　　　　　　B. 较好　　　　　　　C. 一般

D. 较差　　　　　　　E. 很差

第二部分　工匠精神的感知与行为

14. 您会不会关心身边的工匠？

A. 完全不会　　　　　B. 不太关心　　　　　C. 无所谓

D. 有点关心　　　　　E. 十分关心

15. 您认为当代社会应通过什么方式学习和传播工匠精神？【多选】

A. 在家庭和学校里传播工匠精神，培养学生从小养成习惯

B. 政府层面上宣传工匠精神，表彰具备工匠精神的各界工作者

C. 工匠与学徒之间的传承

D. 运用互联网等新时代传播媒介

16. 您知道本地特有的或者著名的传统手工行业吗？

A. 有很多，每样我都很了解　　B. 有，但我不怎么关注

C. 从没了解过　　　　　　　　D. 本地没有突出特色的手工行业

17. 推动工匠精神的关键因素是什么？

A. 政府加大宣传力度　　　　　B. 政策改革

C. 经济支持这一精神　　　　　D. 从娃娃抓起

18. 您认为目前工匠精神传承面临什么问题?

A. 缺少愿意成为技艺传承者的年轻人

B. 手工制作效率低,不挣钱

C. 关注度低,销量低

D. 其他

19. 您觉得您可能成为具有工匠精神的人吗?

A. 完全不可能　　　　B. 可能性有点小　　　C. 无所谓

D. 比较可能　　　　　E. 非常有可能

20. 您认为现代工匠精神最应具备什么品质?

A. 技艺超群　　　　　B. 严谨细致　　　　　C. 认真负责

D. 精益求精　　　　　E. 有社会责任感　　　F. 淡泊名利

附录 3　尤金创造力自陈量表

测定时请务必用直觉判断，10 分钟左右。对符合自身情况的用"√"，不符合的用"×"，不确定的用"0"或无符号。

1. 我不做盲目的事，总是有的放矢，用正确的步骤来解决每一个具体问题。

2. 我认为只提出问题而不想获得答案的事情，无疑是浪费时间。

3. 无论什么事情，让我产生兴趣总比别人困难。

4. 我认为合乎逻辑、循序渐进的方法，是解决问题的最好方法。

5. 有时我在小组里发表的意见，似乎使一些人感到厌烦。

6. 我花费较多时间来考虑别人是怎样来看待我的。

7. 做自己认为正确的事，要比得到别人赞同重要得多。

8. 我不尊重那些做事似乎没有把握的人。

9. 我需要的兴趣和刺激比别人多。

10. 我知道在考验面前，如何保持自己的内心镇静。

11. 我能坚持较长的时间进行研究和解决问题。

12. 有时我对事情过于热心。

13. 在无事可做的时候，我倒常常会想出好主意。

14. 在解决问题时，我常常凭直觉来判断对或错。

15. 在解决问题时我分析问题快、搜集资料慢。

16. 有时我打破常规，去做原来并未想到要做的事。

17. 我有收集东西的爱好。

18. 幻想促进我提出许多重要的计划。

19. 我喜欢客观而又理性的人。

20. 如果要我在本职工作之外选择两种职业，我宁愿当一个实际工作者，而不当探索者。

21. 我能和周围的同学和同事们相处得很好。

22. 我有较高的审美。

23. 过去我比较看中自己的名利和地位。

24. 我喜欢那些坚信自己论点的人。

25. 认为灵感和获得成功的关系不大。

26. 我最高兴的是，经过争论能和与我观点不同的人成为好朋友，即使放弃我自己的观点也在所不惜。

27. 我最大的兴趣在于提出新的建议，而不是设法说服别人接受建议。

28. 我乐意独自一个人整日深思熟虑。

29. 我往往避免做那些使我感到低下的工作。

30. 在评价资料时，我觉得资料的来源比内容更为重要。

31. 我不满意那些不确定和不可预计的事。

32. 我喜欢一门心思苦干的人。

33. 一个人的自尊心比得到他人的敬慕更重要。

34. 我觉得那些力求完美的人是不明智的。

35. 我愿和大家一起努力工作，而不愿意单独工作。

36. 我喜欢能对别人产生影响的工作。

37. 在生活中，我常碰到不能用"正确"或"错误"来判断的问题。

38. 对于我来说，各行其是、各安其位是很重要的。

39. 那些常用古怪词汇的作家，不过是为了炫耀自己的才华。

40. 许多人之所以感到苦恼，是因为他们把事情看得太认真了。

41. 即使遭到不幸、挫折和反对，我仍然对工作保持原来的热情和精神。

42. 想入非非的人是不切合实际的。

43. 我对"不知道的事"比"知道的事"的印象更深刻。

44. 我对"这可能是什么"比对"这是什么"更感兴趣。

45. 我经常为自己在无意之中说话伤人而闷闷不乐。

46. 即使没有报答，我也乐意为新颖的想法而花费时间和精力。

47. 认为"出主意没有什么了不起"这句话是有道理的。

48. 我不喜欢提出显得无知的问题。

49. 一旦任务在肩，即使遭到挫折，我也要坚决完成。

50. 任意选出十个最能说明你的性格的词：谨慎、热情、机灵、精神饱满、献身精神、朝气、无畏、孤独、脾气温顺、泰然自若、独创、时髦、好奇、有说服力、渴求知识、律己、复杂、拘束、永不满足、光明磊落、坚强、自信、精干、实事求是、足智多谋、实干、保守、随便、有组织力、易动感情、虚心、老练、骄傲、不屈不挠、铁石心肠、实惠、柔顺、坚持、不拘礼节、远见、洒脱超然、感觉灵敏、独立、自制、思路清晰、有理解力、创新、善良、观察敏锐、一丝不苟。

评价标准：140 以上，有非凡创造性思维；110～139 分，有突出创造性思维；85～109 分，创造性思维较强；55～84 分，创造性思维良好；30～54 分，创造性思维一般；29 分以下，创造性思维弱；15 分以下，无创造性思维。29 分以下，习惯思维较强。

附录4　霍兰德职业人格能力测验问卷

　　本测验量表将帮助您发现和确定自己的职业兴趣和能力特长，从而更好地做出求职择业的决策。如果您已经考虑好或选择好了自己的职业，本测验将使您的这种考虑或选择具有理论基础，或向您展示其他合适的职业；如果您至今尚未确定职业方向，本测验将帮助您根据自己的情况选择一个恰当的职业目标。

　　本测验共有七个部分，每部分测验都没有时间限制，但请您尽快按要求完成。

第一部分　您心目中的理想职业（专业）

　　对于未来的职业（或升学进修的专业），您得早有考虑，它可能很抽象、很朦胧，也可能很具体、很清晰。不论是哪种情况，现在都请您把自己最想干的3种工作或最想读的3种专业，按顺序写下来。

第二部分　您所感兴趣的活动

　　下面列举了若干种活动，请就这些活动判断你的好恶。喜欢的，请在"是"栏里打"√"；不喜欢的在"否"栏里打"×"。请按顺序回答全部问题。

　　R：实际型活动　　　　　　　　　　是　　　　　　　否
　　1. 装配修理电器或玩具
　　2. 修理自行车
　　3. 用木头做东西
　　4. 开汽车或摩托车
　　5. 用机器做东西
　　6. 参加木工技术学习班
　　7. 参加制图描图学习班
　　8. 驾驶卡车或拖拉机
　　9. 参加机械和电气学习班
　　10. 装配修理机器
　　统计"是"一栏得分＿＿＿＿＿
　　A：艺术型活动　　　　　　　　　　是　　　　　　　否

1. 素描、制图或绘画
2. 参加话剧、戏剧
3. 设计家具、布置室内
4. 练习乐器、参加乐队
5. 欣赏音乐或戏剧
6. 看小说、读剧本
7. 从事摄影创作
8. 写诗或吟诗
9. 进艺术（美术、音乐）培训班
10. 练习书法

统计"是"一栏得分＿＿＿＿＿

I：调查型活动　　　　　　　　　　　　　　是　　　　　　否

1. 读科技图书和杂志
2. 在实验室工作
3. 改良水果品种，培育新的水果
4. 调查了解土和金属等物质的成分
5. 研究自己选择的特殊问题
6. 解算术题或玩数学游戏
7. 物理课
8. 化学课
9. 几何课
10. 生物课

统计"是"一栏得分＿＿＿＿＿

S：社会型活动　　　　　　　　　　　　　　是　　　　　　否

1. 学校或单位组织的正式活动
2. 参加某个社会团体或俱乐部活动
3. 帮助别人解决困难
4. 照顾儿童
5. 出席晚会、联欢会、茶话会
6. 和大家一起出去郊游
7. 想获得关于心理方面的知识
8. 参加讲座会或辩论会
9. 观看或参加体育比赛和运动会
10. 结交新朋友

统计"是"一栏得分＿＿＿＿＿

E：事业型活动　　　　　　　　　　　是　　　　　否

1. 说服鼓动他人

2. 卖东西

3. 谈论政治

4. 制订计划，参加会议

5. 以自己的意志影响别人的行为

6. 在社会团体中担任职务

7. 检查与评价别人的工作

8. 结交名流

9. 指导有某种目标的团体

10. 参与政治活动

统计"是"一栏得分_____

C：常规型（传统型）活动　　　　　　是　　　　　否

1. 整理好桌面和房间

2. 抄写文件和信

3. 为领导写报告或公务信函

4. 检查个人收支情况

5. 打字培训班

6. 参加算盘、文秘等实务培训

7. 参加商业会计培训班

8. 参加情报处理培训班

9. 整理信件、报告、记录等

10. 写商业贸易信

统计"是"一栏得分_____

第三部分　您所擅长获胜的活动

下面列举了若干种活动，其中你能做或大概能做的事，请在"是"栏里打"√"；反之，在"否"栏里打"×"。请回答全部问题。

R：实际型能力　　　　　　　　　　　是　　　　　否

1. 能使用电锯、电钻和锉刀等木工工具

2. 知道万用表的使用方法

3. 能够修理自行车或其他机械

4. 能够使用电钻床、磨床或缝纫机

5. 能给家具和木制品刷漆

6. 能看建筑设计图

7. 能够修理简单的电气用品

8. 能修理家具

9. 能修理收录机

10. 能简单地修理水管

统计"是"一栏得分_____

A：艺术型能力　　　　　　　　　　　是　　　　　　否

1. 能演奏乐器

2. 能参加二部或四部合唱

3. 独唱或独奏

4. 扮演剧中角色

5. 能创作简单的乐曲

6. 会跳舞

7. 能绘画、素描或书法

8. 能雕刻、剪纸或泥塑

9. 能设计板报、服装或家具

10. 写得一手好文章

统计"是"一栏得分_____

I：调研型能力　　　　　　　　　　　是　　　　　　否

1. 懂得真空管或晶体管的作用

2. 能够列举三种富含蛋白质的食品

3. 理解铀的裂变

4. 能用计算尺、计算器、对数表

5. 会使用显微镜

6. 能找到三个星座

7. 能独立进行调查研究

8. 能解释简单的化学

9. 理解人造卫星为什么不落地

10. 经常参加学术会议

统计"是"一栏得分_____

S：社会型能力　　　　　　　　　　　是　　　　　　否

1. 有向各种人说明解释的能力

2. 常参加社会福利活动

3. 能和大家一起友好相处、工作

4. 善于与年长者相处

5. 会邀请人、招待人

6. 能简单易懂地教育儿童

7. 能安排会议等活动顺序

8. 善于体察人心和帮助他人

9. 帮助护理病人和伤员

10. 安排社团组织的各种事务

统计"是"一栏得分_____

| E：事业型能力 | 是 | 否 |

1. 担任过学生干部并且干得不错

2. 工作上能指导和监督他人

3. 做事充满活力和热情

4. 有效利用自身的做法调动他人

5. 销售能力强

6. 曾作为俱乐部或社团的负责人

7. 向领导提出建议或反映意见

8. 有开创事业的能力

9. 知道怎样做能成为一个优秀的领导者

10. 健谈善辩

统计"是"一栏得分_____

| C：常规型能力 | 是 | 否 |

1. 会熟练地打印中文

2. 会用外文打字机或复印机

3. 能快速记笔记和抄写文章

4. 善于整理保管文件和资料

5. 善于从事事务性的工作

6. 会用算盘

7. 能在短时间内分类和处理大量文件

8. 能使用计算机

9. 能搜集数据

10. 善于为自己或集体做财务预算表

统计"是"一栏得分_____

第四部分　您所喜欢的职业

下面列举了多种职业，请逐一认真查看，如果是您有兴趣的工作，请在

"是"栏里打"√";如果是您不大喜欢、不关心的工作,请在"否"栏里打
"×"。请回答全部问题。

  R:实际型职业   是   否

  1. 飞机机械师

  2. 野生动物专家

  3. 汽车维修工

  4. 木匠

  5. 测量工程师

  6. 无线电报务员

  7. 园艺师

  8. 长途公共汽车司机

  9. 电工

  统计"是"一栏得分_____

  S:社会型职业   是   否

  1. 街道、工会或妇联干部

  2. 小学、中学教师

  3. 精神病医生

  4. 婚姻介绍所工作人员

  5. 体育教练

  6. 福利机构负责人

  7. 心理咨询员

  8. 共青团干部

  9. 导游

  10. 国家机关工作人员

  统计"是"一栏得分_____

  I:调研型职业   是   否

  1. 气象学或天文学者

  2. 生物学者

  3. 医学实验室的技术人员

  4. 人类学者

  5. 动物学者

  6. 化学者

  7. 数学者

  8. 科学杂志的编辑或作家

  9. 地质学者

10. 物理学者

统计"是"一栏得分_____

E：事业型职业	是	否
1. 厂长		
2. 制片人		
3. 公司经理		
4. 销售员		
5. 不动产推销员		
6. 广告部长		
7. 体育活动主办者		
8. 销售部长		
9. 个体工商业者		
10. 企业管理咨询人员		

统计"是"一栏得分_____

A：艺术型职业	是	否
1. 乐队指挥		
2. 演奏家		
3. 作家		
4. 摄影家		
5. 记者		
6. 画家、书法家		
7. 歌唱家		
8. 作曲家		
9. 电影电视演员		

统计"是"一栏得分_____

C：常规型职业	是	否
1. 会计师		
2. 银行出纳员		
3. 税收管理员		
4. 计算机操作员		
5. 簿记人员		
6. 成本核算员		
7. 文书档案管理员		
8. 打字员		
9. 法庭书记员		

10. 人口普查登记员

统计"是"一栏得分＿＿＿＿＿＿＿＿

第五部分　您的能力类型简评

附表 4-1 是您在 6 个职业能力方面的自我评定表。您可以先与同龄者比较出自己在每一方面的能力，然后经掂酌后对自己的能力作评估。请在表中适当的数字上画圈。数字越大，表示你的能力越强。

注意，请勿全部画同样的数字，因为人的每项能力不可能完全一样。

附表 4-1　职业能力自我评定表

R 型	I 型	A 型	S 型	E 型	C 型
机械操作能力	科学研究能力	艺术创作能力	解释表达能力	商业洽谈能力	事务执行能力
7	7	7	7	7	7
6	6	6	6	6	6
5	5	5	5	5	5
4	4	4	4	4	4
3	23	3	3	3	3
2	2	2	2	2	2
1	1	1	1	1	1
体育技能	数学技能	音乐技能	交际技能	领导技能	办公技能
7	7	7	7	7	7
6	6	6	6	6	6
5	5	5	5	5	5
4	4	4	4	4	4
3	3	3	3	3	3
2	2	2	2	2	2
1	1	1	1	1	1

第六部分　统计和确定您的职业倾向

请将第二部分至第五部分的全部测验分数按前面已统计好的 6 种职业倾向（R 型、I 型、A 型、S 型、E 型和 C 型）得分填入附表 4-2，并作纵向累加。

附表 4-2　职业倾向测验得分表

测试	R 型	I 型	A 型	S 型	E 型	C 型
第二部分						
第三部分						
第四部分						
第五部分 A						
第五部分 B						
总分						

请将上表中的 6 种职业倾向总分按大小顺序从左到右依次排列：
_____型、_____型、_____型、_____型、_____型、_____型。

第七部分　您所看重的东西——职业价值观

这一部分测验列出了人们在选择工作时通常会考虑的 9 种因素（附工作价值标准）。现在请您在其中选出最重要的两项因素，并将序号填入下边相应空格上。

最重要：_____　次重要：_____

最不重要：_____　次不重要：_____

工作价值标准：

1. 工资高、福利好。

2. 工作环境（物质方面）舒适。

3. 人际关系良好。

4. 工作稳定有保障。

5. 能提供较好的受教育机会。

6. 有较高的社会地位。

7. 工作不太紧张、外部压力少。

8. 能充分发挥自己的能力特长。

9. 社会需要与社会贡献大。

以上全部测验完毕。

现在，将你测验得分居第一位的职业类型找出来，对照职业索引，判断一下自己适合的职业类型。

职业索引：

R（实际型）：木匠、农民、操作 X 光的技师、工程师、飞机机械师、鱼类和野生动物专家、自动化技师、机械工（车工、钳工等）、电工、无线电报务员、火车司机、长途公共汽车司机、机械制图员、机器修理师、电器师。

I（调查型）：气象学者、生物学者、天文学家、药剂师、动物学者、化学家、科学报刊编辑、地质学者、植物学者、物理学者、数学家、实验员、科研人员、科技作者。

A（艺术型）：室内装饰专家、图书管理专家、摄影师、音乐教师、作家、演员、记者、诗人、作曲家、编剧、雕刻家、漫画家。

S（社会型）：社会学者、导游、福利机构工作者、咨询人员、社会工作者、社会科学教师、学校领导、精神病工作者、公共保健护士。

E（事业型）：推销员、进货员、商品批发员、旅馆经理、饭店经理、广告宣传员、调度员、律师、政治家、零售商。

C（常规型）：记账员、会计、银行出纳、法庭速记员、成本估算、税务员、核算员、打字员、办公室职员、统计员、计算机操作员、秘书。

下面介绍与你3个代号的职业兴趣类型一致的职业，对照的方法如下：首先根据你的职业兴趣代号，在下表中找出相应的职业，例如你的职业兴趣代号是RIA，那么牙科技术人员、陶工等是适合你兴趣的职业。然后寻找与你职业兴趣代号相近的职业，如你的职业兴趣代号是RIA，那么，其他由这三个字母组合成的编号（如IRA、IAR、ARI等）对应的职业，也较适合你的兴趣。

RIA：牙科技术员、陶工、建筑设计员、模型工、细木工、制作链条人员。

RIS：厨师、林务员、跳水员、潜水员、染色员、电器修理、眼镜制作、电工、纺织机器装配工、服务员、装玻璃工人、发电厂工人、焊接工。

RIE：建筑和桥梁工程、环境工程、航空工程、公路工程、电力工程、信号工程、电话工程、一般机械工程、自动工程、矿业工程、海洋工程、交通工程技术人员、制图员、家政经济人员、计量员、农民、农场工人、农业机械操作工、清洁工、无线电修理、汽车修理、手表修理、管工、线路装配工、工具仓库管理员。

RIC：船上工作人员、接待员、杂志保管员、牙医助手、制帽工、磨坊工、石匠、机器制造、机车（火车头）制造、农业机器装配、汽车装配工、缝纫机装配工、钟表装配和检验、电动器具装配、鞋匠、锁匠、货物检验员、电梯机修工、托儿所所长、钢琴调音员、装配工、印刷工、建筑钢铁工作、卡车司机。

RAI：手工雕刻、玻璃雕刻、制作模型人员、家具木工、制作皮革品、手工绣花、手工钩针纺织、排字工作、印刷工作、图画雕刻、装订工。

RSE：消防员、交通巡警、警察、门卫、理发师、房间清洁工、屠夫、锻工、开凿工人、管道安装工、出租汽车驾驶员、货物搬运工、送报员、勘探员、娱乐场所的服务员、起卸机操作工、灭害虫者、电梯操作工、厨房助手。

RSI：纺织工、编织工、农业学校教师、职业课程教师（如艺术、商业、技术、工艺课程）、雨衣上胶工。

REC：抄水表员、保姆、实验室动物饲养员、动物管理员。

REI：轮船船长、航海领航员、大副、试管实验员。

RES：旅馆服务员、家畜饲养员、渔民、渔网修补工、水手长、收割机操作工、搬运行李工人、公园服务员、救生员、登山导游、火车工程技术员、建筑工作、铺轨工人。

RCI：测量员、勘测员、仪表操作者、农业工程技术、化学工程技师、民用工程技师、石油工程技师、资料室管理员、探矿工、煅烧工、烧窑工、矿工、保养工、磨床工、取样工、样品检验员、纺纱工、炮手、漂洗工、电焊工、锯木工、刨床工、制帽工、手工缝纫工、油漆工、染色工、按摩工、木匠、农民建筑工作、电影放映员、勘测员助手。

RCS：公共汽车驾驶员、一等水手、游泳池服务员、裁缝、建筑工作、石匠、烟囱修建工、混凝土工、电话修理工、爆炸手、邮递员、矿工、裱糊工人、纺纱工。

RCE：打井工、吊车驾驶员、农场工人、邮件分类员、铲车司机、拖拉机司机。

IAS：普通经济学家、农场经济学家、财政经济学家、国际贸易经济学家、实验心理学家、工程心理学家、心理学家、哲学家、内科医生、数学家。

IAR：人类学家、天文学家、化学家、物理学家、医学病理学家、动物标本剥制者、化石修复者、艺术品管理者。

ISE：营养学家、饮食顾问、火灾检查员、邮政服务检查员。

ISC：侦察员、电视播音室修理员、电视修理服务员、验尸室人员、编目录者、医学实验定技师、调查研究者。

ISR：水生生物学者，昆虫学者、微生物学家、配镜师、矫正视力者、细菌学家、牙科医生、骨科医生。

ISA：实验心理学家、普通心理学家、发展心理学家、教育心理学家、社会心理学家、临床心理学家、目标学家、皮肤病学家、精神病学家、妇产科医师、眼科医生、五官科医生、医学实验室技术专家、民航医务人员、护士。

IES：细菌学家、生理学家、化学专家、地质专家、地理物理学专家、纺织技术专家、医院药剂师、工业药剂师、药房营业员。

IEC：档案保管员、保险统计员。

ICR：质量检验技术员、地质学技师、工程师、法官、图书馆技术辅导员、计算机操作员、医院听诊员、家禽检查员。

IRA：地理学家、地质学家、声学物理学家、矿物学家、古生物学家、石油学家、地震学家、声学物理学家、原子和分子物理学家、电学和磁学物理学家、气象学家、设计审核员、人口统计学家、数学统计学家、外科医生、城市规划家、气象员。

IRS：流体物理学家、物理海洋学家、等离子体物理学家、农业科学家、动物学家、食品科学家、园艺学家、植物学家、细菌学家、解剖学家、动物病理学家、作物病理学家、药物学家、生物化学家、生物物理学家、细胞生物学家、临床化学家、遗传学家、分子生物学家、质量控制工程师、地理学家、兽医、放射性治疗技师。

IRE：化验员、化学工程师、纺织工程师、食品技师、渔业技术专家、材料和测试工程师、电气工程师、土木工程师、航空工程师、行政官员、冶金专家、原子核工程师、陶瓷工程师、地质工程师、电力工程师、口腔科医生、牙科医生。

IRC：飞机领航员、飞行员、物理实验室技师、文献检查员、农业技术专家、动植物技术专家、生物技师、油管检查员、工商业规划者、矿藏安全检查员、纺织品检验员、照相机修理者、工程技术员、编计算程序者、工具设计者、仪器维修工。

CRI：簿记员、会计、记时员、铸造机操作工、打字员、按键操作工、复印机操作工。

CRS：仓库保管员、档案管理员、缝纫工、讲述员、收款人。

CRE：标价员、实验室工作者、广告管理员、自动打字机操作员、电动机装配工、缝纫机操作工。

CIS：记账员、顾客服务员、报刊发行员、土地测量员、保险公司职员、会计师、估价员、邮政检查员、外贸检查员。

CIE：打字员、统计员、支票记录员、订货员、校对员、办公室工作人员。

CIR：校对员、工程职员、海底电报员、检修计划员、发报员。

CSE：接待员、通讯员、电话接线员、卖票员、旅馆服务员、私人职员、商学教师、旅游办事员。

CSR：运货代理商、铁路职员、交通检查员、办公室通信员、簿记员、出纳员、银行职员。

CSA：秘书、图书管理员、办公室办事员。

CER：邮递员、数据处理员、办公室办事员。

CEI：推销员、经济分析家。

CES：银行会计、记账员、法人秘书、速记员、法院报告人。

ECI：银行行长、审计员、信用管理员、地产管理员、商业管理员。

ECS：信用办事员、保险人员、各类进货员、海关服务经理、售货员，购买员、会计。

ERI：建筑物管理员、工业工程师、农场管理员、护士长、农业经营管理人员。

ERS：仓库管理员、房屋管理员、货栈监督管理员。

ERC：邮政局长、渔船船长、机械操作领班、木工领班、瓦工领班、驾驶员领班。

EIR：科学、技术和有关周期出版物的管理员。

EIC：专利代理人、鉴定人、运输服务检查员、安全检查员、废品收购人员。

EIS：警官、侦察员、交通检验员、安全咨询员、合同管理者、商人。

EAS：法官、律师、公证人。

EAR：展览室管理员、舞台管理员、播音员、驯兽员。

ESC：理发师、裁判员、政府行政管理员、财政管理员、工程管理员、职业病防治、售货员、商业经理、办公室主任、人事负责人、调度员。

ESR：家具售货员、书店售货员、公共汽车的驾驶员、日用品售货员、护士长、自然科学和工程的行政领导。

ESI：博物馆管理员、图书馆管理员、古迹管理员、饮食业经理、地区安全服务管理员、技术服务咨询者、超级市场管理员、零售商品店店员、批发商、出租汽车服务站调度。

ESA：博物馆馆长、报刊管理员、音乐器材售货员、广告商售画营业员、导游、（轮船或班机上的）事务长、飞机上的服务员、船、法官、律师。

ASE：戏剧导演、舞蹈教师、广告撰稿人、报刊专栏作者、记者、演员、英文翻译。

ASI：音乐教师、乐器教师、美术教师、管弦乐指挥、合唱队指挥、歌星、演奏家、哲学家、作家、广告经理、时装模特。

AER：新闻摄影师、电视摄影师、艺术指导、录音指导、丑角演员、魔术师、木偶戏演员、骑士、跳水员。

AEI：音乐指挥、舞台指导、电影导演。

AES：流行歌手、舞蹈演员、电影导演、广播节目主持人、舞蹈教师、口技表演者、喜剧演员、模特。

AIS：画家、剧作家、编辑、评论家、时装艺术大师、新闻摄影师、男演员、文学作者。

AIE：花匠、皮衣设计师、工业产品设计师、剪影艺术家、复制雕刻大师。

AIR：建筑师、画家、摄影师、绘图员、环境美化工、雕刻家、包装设计师、陶器设计师、绣花工、漫画工。

SEC：社会活动家、退伍军人服务官员、工商会事务代表、教育咨询者、宿舍管理员、旅馆经理、饮食服务管理员。

SER：体育教练、游泳指导。

SEI：大学校长、学院院长、医院行政管理员、历史学家、家政经济学家、职业学校教师、资料员。

SEA：娱乐活动管理员、国外服务办事员、社会服务助理、一般咨询者、宗教教育工作者。

SCE：部长助理、福利机构职员、生产协调人、环境卫生管理人员、戏院经理、餐馆经理、售票员。

SRI：外科医师助手、医院服务员。

SRE：体育教师、职业病治疗者、体育教练、专业运动员、房管员、儿童家庭教师、警察、引座员、传达员、保姆。

SRC：护理员、护理助理、医院勤杂工、理发师、学校儿童服务人员。

SIA：社会学家、心理咨询者、学校心理学家、政治科学家、大学或学院的系主任、大学或学院的教育学教师、大学农业教师、大学工程和建筑课程教师、大学法律教师、大学数学教师、大学物理教师、大学医学教师、大学社会科学和生命科学的教师、研究生助教、成人教育教师。

SIE：营养学家、饮食学家、海关检查员、安全检查员、税务稽查员、校长。

SIC：描图员、兽医助手、诊所助理、体检检查员、监督缓刑犯的工作者、娱乐指导者、咨询人员、社会科学教师。

SIR：理疗员、救护队工作人员、手足病医生、职业病治疗助手。

图书在版编目（CIP）数据

大国工匠 / 才忠喜，张东亮著 . —北京：中国农
业出版社，2021.7
ISBN 978-7-109-28151-6

Ⅰ．①大… Ⅱ．①才… ②张… Ⅲ．①职业道德
Ⅳ．①B822.9

中国版本图书馆 CIP 数据核字（2021）第 070638 号

中国农业出版社出版

地址：北京市朝阳区麦子店街 18 号楼

邮编：100125

责任编辑：王庆宁　刘昊阳　　文字编辑：戈晓伟

版式设计：王　晨　　责任校对：赵　硕

印刷：北京大汉方圆数字文化传媒有限公司

版次：2021 年 7 月第 1 版

印次：2021 年 7 月北京第 1 次印刷

发行：新华书店北京发行所

开本：700mm×1000mm　1/16

印张：9.75

字数：250 千字

定价：68.00 元
